C. L. R.

J. CORUBLE Institutrice
J.-C. LUCAS Instituteur
J. ROSA Instituteur

Calcul mental
Calcul rapide

Niveau CE2 - CM

HACHETTE
Éducation

Illustrations : Jean-Louis Goussé.
Mise en page : Catherine Sautter

ISBN 2.01.019045.9

PRÉFACE

Savoir poser et effectuer une opération est bien sûr une nécessité, mais plus pour la réflexion et la compréhension que cela suppose que pour une utilisation journalière chez l'adulte.

En effet, la calculette est devenue un outil tellement répandu que toute opération «complexe» est désormais effectuée par son intermédiaire. Près de l'enfant comme de l'adulte, au bureau comme à la maison, la calculatrice est partout.

Dès lors, l'acquisition des mécanismes du calcul mental est certainement une priorité, car elle représente de plus en plus, pour la majorité d'entre nous, la seule forme quotidienne de calcul mathématique.

Le présent manuel propose un apprentissage systématique du calcul mental et du calcul rapide. Il nous semble, en effet, impossible d'établir une distinction rigide entre les deux activités : c'est par la maîtrise d'une «gymnastique intellectuelle» simple, propre au calcul mental que l'on pourra ensuite procéder à des calculs rapides, c'est-à-dire effectuer mentalement une opération préalablement écrite.
Le calcul rapide s'inscrivant comme une activité de la vie quotidienne, il nous paraît tout à fait indispensable d'en maîtriser les procédés.

Chaque séquence proposée est généralement découpée en 3 parties :

1. Calcul mental

Cette partie est destinée à être dictée par le maître, les élèves n'ayant sous les yeux que la feuille sur laquelle ils inscrivent les résultats. La dictée effectuée, le maître pourra, soit procéder à une correction orale collective, soit laisser les enfants réaliser une autocorrection en leur demandant d'ouvrir leur manuel.
Nota : une même fiche de calcul mental pourra être dictée une seconde fois en commençant par exemple par la fin de chaque colonne, avant de passer au calcul rapide.

2. CALCUL RAPIDE

Les élèves ayant sous les yeux une opération écrite doivent en calculer mentalement le résultat et inscrire celui-ci sur une feuille. On pourra décider d'un temps limite afin d'éviter, par exemple, que des enfants ne comptent «sur leurs doigts».
Tous les exercices proposés comportent 10 ou 20 questions afin de faciliter l'évaluation.

3. CALCUL RAPIDE APPLIQUÉ

Il s'agit de placer le calcul rapide «en situation». Un énoncé simple, dicté par le maître ou lu par l'enfant, une opération à choisir, un calcul à effectuer mentalement, un seul résultat à inscrire.

Les séquences suivies d'un astérisque sont d'un niveau plus difficile.
Plusieurs synthèses permettent de vérifier l'acquisition des connaissances.

TABLE DES MATIÈRES

La table des matières ne correspond pas du tout à une progression obligatoire : chaque maître est libre de choisir les séquences qui conviennent au niveau de sa classe et de les proposer dans l'ordre qui lui semble judicieux .
Nous avons divisé la table des matières en quatre grands chapitres :

I L'ADDITION
II LA SOUSTRACTION
III LA MULTIPLICATION
IV LA DIVISION

auxquels nous avons ajouté :

—UNE SÉQUENCE SUR LES NOMBRES COMPLEXES
—UNE SYNTHÈSE GÉNÉRALE
—DES SÉQUENCES «RÉCRÉATIONS-PROLONGEMENTS»

qui proposent une approche plus ludique.
Ces dernières pourront terminer agréablement le travail.

TABLE DES MATIÈRES

I L'ADDITION

II LA SOUSTRACTION

III LA MULTIPLICATION

IV LA DIVISION

AJOUTER 1, 2, 3 À UN NOMBRE À 1 CHIFFRE

CALCUL MENTAL

1 + 2 = 3	5 + 1 = 6
2 + 3 = 5	2 + 1 = 3
1 + 1 = 2	4 + 2 = 6
2 + 2 = 4	7 + 1 = 8
1 + 3 = 4	8 + 3 = 11
4 + 1 = 5	7 + 2 = 9
5 + 2 = 7	6 + 2 = 8
6 + 3 = 9	8 + 1 = 9
4 + 3 = 7	9 + 2 = 11
5 + 3 = 8	0 + 3 = 3

CALCUL RAPIDE

1 + 1 =	7 + 3 =
2 + 1 =	0 + 2 =
4 + 3 =	5 + 3 =
6 + 2 =	8 + 2 =
4 + 2 =	2 + 3 =
3 + 3 =	0 + 1 =
6 + 1 =	9 + 2 =
9 + 3 =	3 + 2 =
3 + 1 =	7 + 2 =
9 + 1 =	6 + 3 =

CALCUL RAPIDE APPLIQUÉ

1. Jérôme avait 4 billes. Il vient d'en gagner 3.
Combien en a-t-il maintenant ?

2. Sur un superbe rosier, 7 roses étaient écloses. 2 nouveaux boutons se sont ouverts aujourd'hui.
De combien de fleurs le rosier est-il maintenant composé ?

3. Sylvie a gagné 3 images. La maîtresse lui en donne 2 autres.
Combien Sylvie a-t-elle d'images maintenant ?

4. Papa a mis 5 bûches dans la cheminée. Maman en rajoute 3.
Combien y a-t-il de bûches prêtes à flamber ?

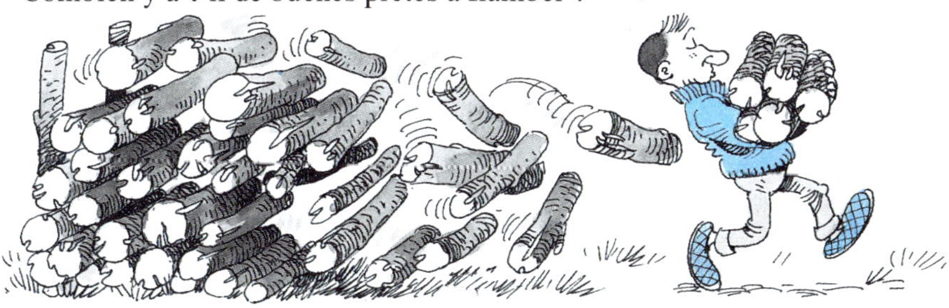

5. Joëlle joue aux cartes ; elle en a 9 dans la main. Elle en prend 2 autres.
Maintenant combien Joëlle a-t-elle de cartes dans la main ?

AJOUTER 1,2...5 À UN NOMBRE À 1 CHIFFRE

CALCUL MENTAL

7 + 2 = 9	7 + 4 = 11
7 + 5 = 12	4 + 5 = 9
3 + 1 = 4	3 + 4 = 7
6 + 5 = 11	6 + 2 = 8
2 + 3 = 5	9 + 4 = 13
3 + 5 = 8	7 + 3 = 10
6 + 4 = 10	9 + 5 = 14
2 + 4 = 6	8 + 3 = 11
5 + 5 = 10	0 + 5 = 5
1 + 3 = 4	2 + 5 = 7

CALCUL RAPIDE

2 + 3 =	8 + 4 =
7 + 4 =	1 + 3 =
3 + 1 =	2 + 5 =
4 + 4 =	9 + 2 =
9 + 3 =	7 + 1 =
6 + 3 =	1 + 4 =
8 + 5 =	8 + 1 =
0 + 4 =	9 + 1 =
1 + 5 =	5 + 4 =
1 + 2 =	5 + 3 =

CALCUL RAPIDE APPLIQUÉ

1. Dans un autobus, il y a 9 voyageurs. 5 autres personnes montent au premier arrêt.
Combien y a-t-il de personnes dans l'autobus quand il redémarre ?

2. Jean-Claude achète un magazine à 7 F, puis un autre à 5 F.
Combien paie-t-il ?

3. La trousse de Julien contient 8 stylos feutres et 4 stylos à bille.
Combien Julien a-t-il de stylos en tout ?

4. Un marchand de pneus en vend 6 le matin, puis 5 l'après-midi.
Combien a-t-il vendu de pneus à la fin de la journée ?

5. Pour faire une omelette, maman casse d'abord 4 oeufs, puis 5 autres.
De combien d'oeufs l'omelette est-elle composée ?

AJOUTER 1,2...7 À UN NOMBRE À 1 CHIFFRE

CALCUL MENTAL

3 + 5 = 8	2 + 7 = 9
7 + 4 = 11	4 + 6 = 10
9 + 3 = 12	1 + 5 = 6
8 + 5 = 13	9 + 7 = 16
6 + 4 = 10	6 + 5 = 11
7 + 3 = 10	8 + 6 = 14
2 + 5 = 7	3 + 6 = 9
4 + 4 = 8	4 + 3 = 7
9 + 6 = 15	9 + 5 = 14
7 + 7 = 14	7 + 2 = 9

CALCUL RAPIDE

7 + 6 =	1 + 6 =
8 + 7 =	4 + 7 =
3 + 7 =	5 + 5 =
5 + 6 =	5 + 7 =
1 + 7 =	6 + 6 =
2 + 6 =	7 + 5 =
6 + 7 =	0 + 7 =
8 + 3 =	9 + 4 =
1 + 7 =	6 + 2 =
9 + 2 =	5 + 3 =

CALCUL RAPIDE APPLIQUÉ

1. Pour illustrer son album, Jérémy colle 9 images sur la première page, puis 6 autres sur la deuxième page.
Combien a-t-il collé d'images en tout ?

2. Olivier a 7 ans de plus que Marine qui est âgée de 6 ans.
Quel âge a Olivier ?

3. Un wagon est composé de 4 compartiments non fumeurs et de 6 compartiments fumeurs .
Quel est le nombre total de compartiments dans ce wagon ?

4. Sur un porte-avions, 8 chasseurs atterrissent suivis de 7 autres.
Combien d'avions ont alors atterri ?

5. Pour l'anniversaire de maman, papa offre un bouquet de fleurs composé de 5 roses rouges et de 7 roses blanches.
De combien de roses ce bouquet est-il composé ?

AJOUTER 1, 2,...9 À UN NOMBRE À 1 CHIFFRE

CALCUL MENTAL

3 + 5 = 8	4 + 7 = 11
7 + 6 = 13	8 + 8 = 16
8 + 4 = 12	9 + 6 = 15
2 + 7 = 9	3 + 8 = 11
5 + 3 = 8	6 + 9 = 15
6 + 4 = 10	7 + 8 = 15
1 + 5 = 6	2 + 7 = 9
4 + 8 = 12	4 + 9 = 13
0 + 9 = 9	1 + 6 = 7
9 + 9 = 18	2 + 4 = 6

CALCUL RAPIDE

6 + 8 =	1 + 8 =
4 + 6 =	5 + 9 =
3 + 9 =	8 + 5 =
5 + 8 =	8 + 9 =
2 + 9 =	7 + 6 =
4 + 4 =	2 + 8 =
1 + 9 =	6 + 5 =
7 + 5 =	7 + 9 =
9 + 8 =	6 + 3 =
2 + 6 =	9 + 4 =

CALCUL RAPIDE APPLIQUÉ

1. Des randonneurs parcourent 8 km dans la matinée et 9 km l'après-midi. Quelle distance totale ont-ils parcourue ?

2. Il faisait 7° C à 8 h. La température s'est élevée de 8° C cet après-midi. Quelle est la température actuelle ?

3. Pour fêter le 14 juillet, Frédéric a acheté 9 pétards et Samuel 6. Combien en ont-ils à eux deux ?

4. Dans sa vidéothèque, Jean-Paul possède 5 cassettes de films comiques et 9 cassettes de films d'aventures.
Combien de cassettes possède-t-il en tout ?

5. Hier, Céline a lu 9 pages de son livre, et encore le même nombre aujourd'hui.
Combien de pages a-t-elle lues depuis hier ?

AJOUTER 2 MULTIPLES DE 10

40 + 80 = 40 + 80 = 120

Calcul mental

10 + 10 = 20
20 + 10 = 30
70 + 30 =100
50 + 20 = 70
40 + 10 = 50
60 + 40 = 100
30 + 20 = 50
20 + 30 = 50
80 + 40 = 120
70 + 70 = 140

20 + 90 = 110
50 + 70 = 120
90 + 30 = 120
40 + 20 = 60
60 + 30 = 90
10 + 90 = 100
80 + 70 = 150
70 + 60 = 130
30 + 40 = 70
70 + 20 = 90

Calcul rapide

10 + 30 =
50 + 10 =
20 + 60 =
30 + 50 =
80 + 30 =
20 + 80 =
30 + 30 =
50 + 50 =
80 + 10 =
90 + 90 =

90 + 30 =
40 + 90 =
50 + 60 =
80 + 50 =
40 + 50 =
70 + 90 =
60 + 60 =
40 + 100 =
110 + 20 =
130 + 40 =

Calcul rapide appliqué

1. Céline dit : «J'ai passé 20 jours chez ma grand-mère de Cherbourg et 30 jours chez ma grand-mère de Nice».
Combien de temps Céline est-elle partie en vacances ?

2. Une boîte de chocolats contient 30 escargots pralinés. Une seconde en contient 20.
Combien cela fait-il de chocolats en tout ?

3. Dans son porte-monnaie, maman a un billet de 20 F et un billet de 50 F.
Quelle somme a-t-elle en tout ?

4. Un caramel coûte 40 c et une sucette 90 c.Combien vais-je payer si j'achète les deux ?

5. Sylvie et Airelle vont au cinéma et paient chacune 40 F.
Quelle somme dépensent-elles ?

AJOUTER 2 MULTIPLES DE 10*

Calcul mental

120 + 50 = 170	190 + 40 = 230
210 + 30 = 240	370 + 50 = 420
140 + 20 = 160	430 + 10 = 440
350 + 50 = 400	770 + 60 = 830
180 + 60 = 240	880 + 60 = 940
100 + 90 = 190	250 + 90 = 340
360 + 60 = 420	940 + 30 = 970
170 + 30 = 200	680 + 20 = 700
220 + 20 = 240	590 + 70 = 660
110 + 90 = 200	1 000 + 20 = 1 020

Calcul rapide

130 + 80 =	980 + 30 =
310 + 20 =	670 + 80 =
750 + 70 =	450 + 50 =
920 + 50 =	710 + 90 =
270 + 20 =	590 + 90 =
460 + 30 =	850 + 150 =
680 + 50 =	280 + 90 =
740 + 90 =	900 + 160 =
190 + 70 =	510 + 40 =
300 + 80 =	1 040 + 60 =

Calcul rapide appliqué

1. William achète un baladeur stéréo d'une valeur de 170 F et une cassette coûtant 70 F.
Combien paie-t-il en tout ?

2. Thibault a deux lettres à poster ; l'une pèse 40 g, l'autre 60 g.
Quelle est la masse des deux lettres réunies ?

3. Ludovic mesure 30 cm de plus que Patrick qui, lui, mesure 110 cm.
Quelle est la taille de Ludovic ?

4. Un chimpanzé pèse 80 kg, un gorille 250 kg.
Les deux réunis pèsent ... kg.

5. Un Airbus A 320 transporte 150 passagers ; un boeing 747 en transporte 90 de plus, c'est-à-dire...

AJOUTER 1, 2...7 À UN NOMBRE À 2 CHIFFRES SANS RETENUE

CALCUL MENTAL

12 + 7 = 19
35 + 2 = 37
28 + 1 = 29
30 + 5 = 35
43 + 6 = 49
24 + 3 = 27
77 + 2 = 79
51 + 4 = 55
96 + 3 = 99
78 + 1 = 79

75 + 4 = 79
92 + 5 = 97
54 + 1 = 55
31 + 6 = 37
40 + 7 = 47
38 + 1 = 39
13 + 2 = 15
68 + 1 = 69
90 + 4 = 94
86 + 2 = 88

CALCUL RAPIDE

73 + 5 =
35 + 4 =
21 + 1 =
64 + 2 =
97 + 1 =
52 + 7 =
66 + 3 =
88 + 1 =
11 + 7 =
20 + 2 =

70 + 6 =
48 + 1 =
15 + 3 =
81 + 6 =
64 + 4 =
72 + 7 =
22 + 3 =
50 + 3 =
13 + 4 =
17 + 2 =

CALCUL RAPIDE APPLIQUÉ

1. Pour couvrir le mur d'une salle de bains, un ouvrier a utilisé 73 carreaux bleus et 6 carreaux blancs.
Combien de carreaux cet artisan a-t-il collé en tout ?

2. Sur un parking, il y a 14 places occupées d'un côté et 3 de l'autre.
Il y a donc ... places occupées en tout.

3. Christine a déjà utilisé 92 unités de sa télécarte ; aujourd'hui elle en dépense 7.
Calcule le nombre d'unités utilisées en tout.

4. Dans une classe, il y a 13 élèves âgés de 8 ans et 5 élèves âgés de 7 ans.
Quel est l'effectif global de cette classe ?

AJOUTER 1, 2...7 À UN NOMBRE À 2 CHIFFRES AVEC RETENUE

CALCUL MENTAL

27 + 7 = 34	56 + 5 = 61
34 + 6 = 40	89 + 7 = 96
58 + 3 = 61	98 + 6 =104
49 + 5 = 54	37 + 6 = 43
18 + 7 = 25	24 + 7 = 31
49 + 1 = 50	13 + 7 = 20
85 + 6 = 91	45 + 5 = 50
79 + 2 = 81	57 + 4 = 61
28 + 4 = 32	96 + 6 =102
16 + 5 = 21	83 + 7 = 90

CALCUL RAPIDE

29 + 2 =	65 + 5 =
19 + 3 =	16 + 8 =
33 + 7 =	27 + 6 =
87 + 7 =	97 + 5 =
55 + 6 =	67 + 3 =
19 + 7 =	75 + 6 =
54 + 7 =	63 + 7 =
48 + 3 =	28 + 2 =
67 + 5 =	99 + 6 =
94 + 7 =	87 + 9 =

CALCUL RAPIDE APPLIQUÉ

1. Lors de la réalisation d'un film publicitaire, on a utilisé d'abord 74 m de pellicule et par la suite 9 m.
Quelle longueur de pellicule a-t-on utilisée en tout ?

2. Sur un compact disque, le morceau n° 7 dure 19 min. Le morceau n° 8 dure 5 min de plus.
Quelle est la durée du n° 8 ?

3. Lors d'un jeu télévisé, un candidat a 44 points et un autre 7 points de plus.
Quel est le score du gagnant ?

4. La grand-mère de Loïc a 76 ans, son grand-père 6 ans de plus.
Quel est l'âge du grand-père de Loïc ?

5. Pour l'anniversaire de son père, Frank achète un stylo-plume à 55 F ainsi qu'un paquet de cartouches valant 7 F.
A-t-il assez avec 65 F ?

AJOUTER 10

57 + 10 = 67

Calcul mental

23 + 10 = 33	37 + 10 = 47
51 + 10 = 61	52 + 10 = 62
42 + 10 = 52	45 + 10 = 55
75 + 10 = 85	65 + 10 = 75
16 + 10 = 26	14 + 10 = 24
38 + 10 = 48	48 + 10 = 58
77 + 10 = 87	87 + 10 = 97
89 + 10 = 99	71 + 10 = 81
40 + 10 = 50	60 + 10 = 70
64 + 10 = 74	93 + 10 = 103

Calcul rapide

173 + 10 =	894 + 10 =
255 + 10 =	990 + 10 =
427 + 10 =	1 035 + 10 =
319 + 10 =	5 044 + 10 =
501 + 10 =	771 + 10 =
463 + 10 =	1 022 + 10 =
335 + 10 =	3 727 + 10 =
512 + 10 =	4 318 + 10 =
188 + 10 =	3 289 + 10 =
294 + 10 =	5 576 + 10 =

Calcul rapide appliqué

1. Maman fait la vaisselle en 15 min ; Émilie met 10 min de plus.
Combien de temps Émilie passe-t-elle à faire la vaisselle ?

2. Dans un wagon du RER, il y a 53 personnes. À l'arrêt, il en monte 10 de plus et personne ne descend.
Combien de personnes se trouvent dans ce wagon quand le RER redémarre ?

3. «Ajoute 10 F à 99 F et tu trouveras combien j'ai payé ma dernière cassette-vidéo.»

4. Dans une bibliothèque, une étagère comporte 132 ouvrages ; le rayon inférieur en compte 10 de plus.
Trouve le nombre de livres sur le rayon inférieur.

5. Papa et un voisin mettent du cidre en bouteilles. Papa en bouche 127 et le voisin 10 de plus.
Combien ce dernier a-t-il bouché de bouteilles de cidre ?

AJOUTER UN MULTIPLE DE 10

Calcul mental

25 + 20 = 45	14 + 30 = 44
36 + 40 = 76	73 + 80 = 153
44 + 80 = 124	98 + 40 = 138
23 + 90 = 113	59 + 50 = 109
68 + 60 = 128	87 + 20 = 107
77 + 20 = 97	61 + 70 = 131
92 + 40 = 132	35 + 30 = 65
10 + 70 = 80	57 + 90 = 147
89 + 30 = 119	66 + 80 = 146
51 + 50 = 101	22 + 20 = 42

Calcul rapide

129 + 20 =	673 + 30 =
343 + 70 =	798 + 70 =
271 + 50 =	965 + 20 =
424 + 40 =	887 + 40 =
315 + 90 =	659 + 50 =
642 + 30 =	2 107 + 90 =
457 + 50 =	3 324 + 20 =
796 + 80 =	7 452 + 50 =
179 + 60 =	5 246 + 60 =
868 + 70 =	4 531 + 80 =

Calcul rapide appliqué

1. À la station service, monsieur Roland achète pour 276 F d'essence et demande un bidon d'huile valant 70 F.
Combien va-t-il devoir payer ?

2. Une encyclopédie qui valait 1 584 F a vu son prix augmenter de 60 F.
Combien vaut-elle maintenant ?

3. Un alpiniste regarde son altimètre ; celui-ci indique 3 742 m.
«Encore 60 m et je suis au sommet !» s'exclame le montagnard.
Quelle est l'altitude du sommet qu'il va gravir ?

4. Des élèves ont une course à disputer sur un parcours composé d'une boucle de 395 m et d'une ligne droite de 60 m.
Quelle distance totale devront-ils parcourir ?

AJOUTER 9
(a 10 r 1)

35 + 9 = (35 + 10) – 1 = 45 – 1 = 44

CALCUL MENTAL		CALCUL RAPIDE	
24 + 9 = 33	79 + 9 = 88	110 + 9 =	228 + 9 =
33 + 9 = 42	35 + 9 = 44	119 + 9 =	112 + 9 =
47 + 9 = 56	48 + 9 = 57	158 + 9 =	229 + 9 =
17 + 9 = 26	27 + 9 = 36	169 + 9 =	287 + 9 =
75 + 9 = 84	90 + 9 = 99	124 + 9 =	290 + 9 =
91 + 9 = 100	56 + 9 = 65	114 + 9 =	125 + 9 =
80 + 9 = 89	19 + 9 = 28	139 + 9 =	223 + 9 =
22 + 9 = 31	74 + 9 = 83	173 + 9 =	271 + 9 =
44 + 9 = 53	66 + 9 = 75	195 + 9 =	174 + 9 =
76 + 9 = 85	81 + 9 = 90	181 + 9 =	256 + 9 =

CALCUL RAPIDE APPLIQUÉ

1. Lors d'un tournoi sportif, l'équipe A a 9 points de plus que l'équipe B qui a 17 points.
L'équipe A mène par... points à 17.

2. La température extérieure est de 11°C ; dans la maison, il fait 9 °C de mieux.
Quelle est la température dans la maison ?

3. Joël et Jérôme reviennent de la forêt. «J'ai ramassé 44 champignons» dit Joël. «J'en ai 9 de plus !» répond Jérôme, «ce qui me fait....».

4. Un poids lourd en partie chargé pèse 23 t. Rempli totalement, il pèse 9 t de plus.
Le poids lourd plein pèse ... t.

5. Le 15 juillet, Pierre dit : «Dans 9 jours, c'est mon anniversaire».
Quel jour Pierre est-il né ?

AJOUTER 9*

Calcul mental

151 + 9 = 160	412 + 9 = 421
278 + 9 = 287	302 + 9 = 311
415 + 9 = 424	507 + 9 = 516
399 + 9 = 408	238 + 9 = 247
444 + 9 = 453	513 + 9= 522
407 + 9 = 416	134 + 9 = 143
354 + 9 = 363	229 + 9 = 238
533 + 9 = 542	456 + 9 = 465
420 + 9 = 429	573 + 9 = 582
372 + 9 = 381	395 + 9 = 404

Calcul rapide

639 + 9 =	651 + 9 =
802 + 9 =	523 + 9 =
314 + 9 =	716 + 9 =
945 + 9 =	439 + 9 =
267 + 9 =	967 + 9 =
718 + 9 =	900 + 9 =
576 + 9 =	612 + 9 =
791 + 9 =	745 + 9 =
880 + 9 =	464 + 9 =
663 + 9 =	878 + 9 =

Calcul rapide appliqué

1. La BMW 80 GS peut rouler à une vitesse de 167 km/h. La BMW R 65 peut dépasser cette vitesse de 9 km/h.
Quelle vitesse peut-elle donc atteindre ?

2. Un livre qui valait 158 F a subi une augmentation de 9 F.
Quel est son nouveau prix ?

3. Lors d'une course, un navigateur a passé 336 h en mer avant de franchir la ligne d'arrivée en tête ; le second avait 9 h de retard sur lui.
Combien de temps le second est-il resté en mer ?

4. Une étape du rallye Paris-Dakar était longue de 546 km ; la suivante faisait 9 km de plus.
Quelle était la distance de cette dernière ?

5. Une usine a fabriqué pendant le mois de janvier 355 véhicules. Au mois de février, cette production est améliorée de 9 véhicules.
Quelle est donc la production du mois de février ?

AJOUTER 8

(a 10 r2) **35 + 8 = (35 + 10) – 2 = 45 – 2 = 43**

Calcul mental

18 + 8 = 26	17 + 8 = 25
23 + 8 = 31	34 + 8 = 42
55 + 8 = 63	65 + 8 = 73
76 + 8 = 84	70 + 8 = 78
44 + 8 = 52	35 + 8 = 43
57 + 8 = 65	68 + 8 = 76
89 + 8 = 97	82 + 8 = 90
21 + 8 = 29	12 + 8 = 20
60 + 8 = 68	66 + 8 = 74
38 + 8 = 46	39 + 8 = 47

Calcul rapide

78 + 8 =	128 + 8 =
69 + 8 =	142 + 8 =
85 + 8 =	197 + 8 =
84 + 8 =	175 + 8 =
196 + 8 =	136 + 8 =
111 + 8 =	281 + 8 =
137 + 8 =	260 + 8 =
153 + 8 =	299 + 8 =
162 + 8 =	254 + 8 =
140 + 8 =	273 + 8 =

Calcul rapide appliqué

1. Pour aller d'Étanville à Castelville, il y a 39 km. Pour se rendre au château de Castelville, il faut faire 8 km de plus.
Calcule la distance d'Étanville au château de Castelville.

2. Jean-Pierre et Martin sont malades. Jean-Pierre doit prendre 45 gouttes d'un médicament et Martin 8 de plus.
Quelle quantité de ce médicament doit absorber Martin ?

3. Arrivé au 50e étage de la tour Montparnasse, Cyril dit : «Il ne reste que 8 étages au-dessus de moi.»
La tour Montparnasse a donc ... étages.

4. Une coupe de champagne a une contenance de 16 cl ; un verre à eau peut contenir 8 cl de plus.
Quelle est la contenance d'un verre à eau ?

5. Sur un circuit de Formule 1, une voiture effectue 41 tours pendant qu'une autre en fait 8 de plus.
Combien de tours effectue la seconde voiture ?

AJOUTER 8*

Calcul mental

460 + 8 = 468	472 + 8 = 480
393 + 8 = 401	607 + 8 = 615
445 + 8 = 453	485 + 8 = 493
599 + 8 = 607	374 + 8 = 382
378 + 8 = 386	620 + 8 = 628
566 + 8 = 574	841 + 8 = 849
437 + 8 = 445	468 + 8 = 476
312 + 8 = 320	812 + 8 = 820
451 + 8 = 459	508 + 8 = 516
773 + 8 = 781	596 + 8 = 604

Calcul rapide

507 + 8 =	889 + 8 =
835 + 8 =	516 + 8 =
713 + 8 =	798 + 8 =
992 + 8 =	822 + 8 =
769 + 8 =	633 + 8 =
426 + 8 =	885 + 8 =
667 + 8 =	744 + 8 =
579 + 8 =	697 + 8 =
800 + 8 =	951 + 8 =
991 + 8 =	734 + 8 =

Calcul rapide appliqué

1. Lors d'une épreuve de saut en hauteur, un athlète réussit un saut de 217 cm. Un autre concurrent saute 8 cm de mieux.
Quelle est la performance du 2e concurrent ?

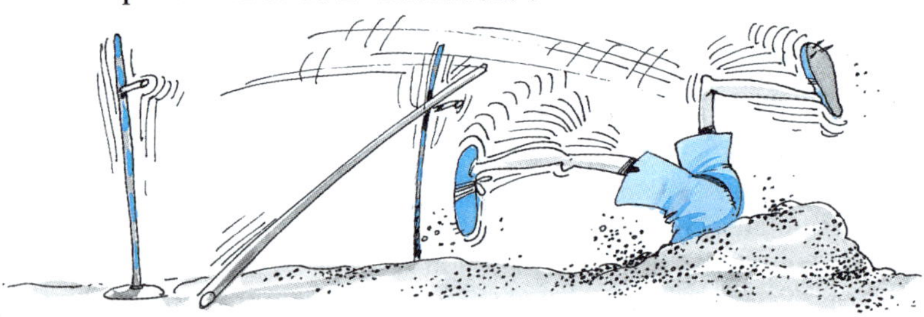

2. À la page 267 d'un catalogue de vente par correspondance se trouvent les magnétoscopes ; les cassettes vidéo sont vendues 8 pages plus loin.
Quelle est le numéro de cette page ?

3. Une équipe de plongeurs a retrouvé un trésor englouti : un coffre contenant 184 louis d'or et 8 écus.
Quelle quantité de pièces a été retrouvée par les plongeurs ?

4. En gravissant les marches de la tour Eiffel, Thibault s'exclame : «J'ai monté 1 784 marches et il m'en reste encore 8 pour être en haut !»
Quel est le nombre total de marches ?

AJOUTER 2 NOMBRES À 2 CHIFFRES SANS RETENUE

37 + 22 = (37 + 20) + 2 = 57 + 2 = 59

Calcul mental

41 + 13 = 54	33 + 13 = 46
63 + 15 = 78	61 + 16 = 77
14 + 24 = 38	24 + 23 = 47
26 + 12 = 38	46 + 21 = 67
45 + 11 = 56	52 + 34 = 86
12 + 32 = 44	55 + 22 = 77
27 + 12 = 39	67 + 12 = 79
32 + 17 = 49	11 + 51 = 62
74 + 14 = 88	37 + 21 = 58
81 + 16 = 97	53 + 25 = 78

Calcul rapide

37 + 22 =	24 + 35 =
13 + 46 =	63 + 26 =
24 + 44 =	31 + 67 =
71 + 26 =	42 + 86 =
82 + 17 =	54 + 35 =
18 + 71 =	73 + 16 =
26 + 73 =	81 + 17 =
31 + 47 =	48 + 31 =
62 + 36 =	33 + 75 =
74 + 15 =	52 + 45 =

Calcul rapide appliqué

1. Valérie a 13 ans, sa maman a 24 ans de plus qu'elle.
Quel est l'âge de sa maman ?

2. Le parking de la gare compte 72 places et celui de la mairie 26.
Quel est le nombre total de places disponibles dans ces deux parkings ?

3. Luc est arrivé 35e de la course des Écoles.
Il y avait encore 64 élèves derrière lui.
Combien d'enfants ont terminé cette course ?

4. Corinne possède 43 F
et son frère Adrien 56 F.
Peuvent-ils acheter un cadeau affiché 95 F ?

AJOUTER 2 NOMBRES À 2 CHIFFRES SANS RETENUE*

Calcul mental

53 + 14 = 67	68 + 21 = 89
27 + 42 = 69	31 + 57 = 88
42 + 17 = 59	55 + 43 = 98
61 + 36 = 97	47 + 22 = 69
35 + 54 = 89	39 + 40 = 79
44 + 55 = 99	24 + 73 = 97
27 + 62 = 89	63 + 46 = 109
39 + 50 = 89	52 + 36 = 88
24 + 34 = 58	48 + 11 = 59
11 + 74 = 85	17 + 82 = 99

Calcul appliqué

48 + 11 =	63 + 26 =
24 + 35 =	52 + 45 =
35 + 33 =	37 + 42 =
82 + 15 =	74 + 23 =
91 + 16 =	86 + 13 =
29 + 60 =	18 + 51 =
37 + 62 =	14 + 65 =
42 + 36 =	23 + 75 =
73 + 25 =	31 + 48 =
85 + 14 =	26 + 72 =

Calcul rapide appliqué

1. Mélanie et Nolwenn ont mangé toute la boîte de chocolats. Mélanie en a mangé 14 et Nolwenn la même quantité !
Combien de chocolats la boîte contenait-elle ?

2. Les classes de cours moyen de l'école comptent 56 filles et 42 garçons.
Combien y a-t-il d'élèves scolarisés aux cours moyens dans cette école ?

3. Gaëtan achète un roman à 63 F et une bande dessinée à 36 F.
Quelle somme a-t-il dépensée ?

4. L'âge de madame Théophile est le double de celui de sa nièce Sabine qui a 24 ans.
Quel est l'âge de madame Théophile ?

5. Le magazine que lit Marine comporte 16 pages de plus que celui de Samuel qui en compte 63.
Quel est le nombre de pages du magazine de Marine ?

AJOUTER 2 NOMBRES À 2 CHIFFRES AVEC RETENUE

67 + 15 = (60 + 10) + (7 + 5) = 70 + 12 = 82

Calcul mental		Calcul rapide	
43 + 17 = 60	67 + 15 = 82	47 + 15 =	38 + 33 =
58 + 13 = 71	39 + 14 = 53	55 + 26 =	57 + 45 =
66 + 14 = 80	63 + 17 = 80	63 + 38 =	48 + 52 =
49 + 11 = 60	74 + 26 = 100	18 + 56 =	37 + 65 =
31 + 29 = 60	38 + 53 = 91	17 + 47 =	26 + 48 =
14 + 28 = 42	46 + 25 = 71	55 + 26 =	94 + 33 =
28 + 34 = 62	18 + 15 = 33	63 + 18 =	65 + 53 =
36 + 25 = 61	34 + 17 = 51	49 + 35 =	73 + 48 =
45 + 16 = 61	44 + 56 = 100	56 + 46 =	17 + 88 =
29 + 22 = 51	36 + 36 = 72	27 + 63 =	45 + 77 =

Calcul rapide appliqué

1. Nathalie a acheté 2 bandes dessinées, l'une à 39 F et l'autre à 46 F. Combien a-t-elle dépensé ?

2. Quelle quantité de liquide obtiendra-t-on en remplissant 2 bouteilles ayant une capacité respective de 75 cl et 33 cl ?

3. Sur une cassette d'une durée totale de 90 min, Laurent a déjà enregistré 58 min de musique.
Peut-il encore enregistrer totalement des chansons pour une durée totale de 36 min ?

4. Maman a dépensé 46 F à la boucherie et 48 F à la crèmerie. Marc affirme qu'elle a dépensé moins de 90 F.
A-t-il raison ?

AJOUTER 2 NOMBRES À 2 CHIFFRES AVEC RETENUE*

Calcul mental

48 + 35 = 83	36 + 77 = 113
56 + 27 = 83	45 + 56 = 101
74 + 64 = 138	53 + 58 = 111
37 + 39 = 76	26 + 74 = 100
49 + 52 = 101	89 + 17 = 106
64 + 36 = 100	74 + 29 = 103
36 + 48 = 84	93 + 36 = 129
28 + 83 = 111	68 + 75 = 143
14 + 96 = 110	77 + 73 = 150
39 + 75 = 114	86 + 97 = 183

Calcul rapide

39 + 73 =	17 + 79 =
48 + 25 =	88 + 94 =
62 + 88 =	93 + 69 =
43 + 73 =	47 + 38 =
86 + 45 =	27 + 28 =
85 + 67 =	93 + 86 =
86 + 44 =	95 + 98 =
55 + 69 =	67 + 74 =
83 + 47 =	68 + 73 =
68 + 37 =	88 + 97 =

Calcul rapide appliqué

1. Pierre pèse 38 kg et Étienne 36 kg.
S'ils montent ensemble sur un pèse-personne, quelle masse affichera l'appareil ?

2. Maria achète un magazine à 27 F et un autre à 34 F.
A-t-elle dépensé plus de 60 F ?

3. Monsieur Chambaud a roulé 89 km, s'est arrêté 10 min pour prendre de l'essence, puis est reparti pour rouler encore 75 km.
Quelle distance totale a-t-il parcourue ?

4. Fabienne achète un compact disque à 98 F et un autre à 69 F.
Combien a-t-elle dépensé ?

AJOUTER 19, 29, 39...

(a 20 r1) (a 30 r1) (a 40 r1)

35 + 19 = (35 + 20) – 1 = 54

Calcul mental		Calcul rapide	
37 + 19 = 56	63 + 29 = 92	84 + 69 =	57 + 29 =
46 + 29 = 75	47 + 39 = 86	66 + 39 =	48 + 79 =
54 + 19 = 73	34 + 19 = 53	37 + 49 =	98 + 59 =
22 + 29 = 51	41 + 49 = 90	46 + 59 =	64 + 89 =
50 + 19 = 69	26 + 19 = 45	53 + 79 =	53 + 59 =
73 + 39 = 112	18 + 39 = 57	134 + 19 =	247 + 79 =
86 + 19 = 105	53 + 39 = 92	264 + 29 =	165 + 89 =
36 + 29 = 65	64 + 29 = 93	137 + 49 =	382 + 39 =
51 + 29 = 80	31 + 49 = 80	172 + 29 =	214 + 29 =
74 + 19 = 93	36 + 59 = 95	304 + 79 =	536 + 59 =

Calcul rapide appliqué

1. Lors de l'épreuve d'endurance de l'école, Maryline a couru 18 min, soit 19 min de moins que Thierry.
Combien de temps Thierry a-t-il couru ?

2. Peggy est âgée de 14 ans. Sa mère a 29 ans de plus qu'elle.
Quel est l'âge de sa mère ?

3. Ludovic reçoit chaque mois 25 F d'argent de poche. Ce mois-ci, de petits travaux lui ont rapporté 49 F de plus.
De quelle somme Ludovic va-t-il disposer ?

AJOUTER 19, 29, 39...*

Calcul mental

68 + 29 = 97	120 + 79 = 199
76 + 59 = 135	256 + 19 = 275
44 + 39 = 83	475 + 99 = 574
37 + 19 = 56	86 + 59 = 145
23 + 49 = 72	16 + 69 = 85
69 + 69 = 138	74 + 39 = 113
81 + 89 = 170	127 + 49 = 176
73 + 79 = 152	243 + 39 = 282
54 + 49 = 103	174 + 29 = 203
115 + 39 = 154	325 + 69 = 394

Calcul rapide

93 + 69 =	114 + 39 =
67 + 79 =	222 + 69 =
88 + 99 =	135 + 29 =
53 + 69 =	361 + 59 =
46 + 39 =	412 + 29 =
117 + 29 =	207 + 89 =
194 + 39 =	354 + 29 =
254 + 59 =	215 + 99 =
138 + 49 =	703 + 79 =
127 + 39 =	846 + 69 =

Calcul rapide appliqué

1. Yann aura-t-il assez de 200 F pour acheter 2 jeux, l'un valant 114 F et l'autre 89 F ?

2. Michèle achète un appareil photo valant 295 F.
La sacoche de transport valant 69 F, quel sera le prix de l'ensemble ?

3. Dans un coupon de tissu, maman coupe un premier morceau de 312 cm et un second de 49 cm.
Quelle longueur totale de tissu maman a-t-elle coupée ?

4. Une course cycliste se déroule en 3 étapes. La première totalise 94 km, la seconde 69 km de plus que la première et la troisième 49 km de plus que la première.
Quelles sont les longueurs des deuxième et troisième étapes ?

AJOUTER 18, 28, 38...

(a 20 r2) (a 30 r2) (a 40 r2)

35 + 18 = (35 + 20) – 2 = 55 – 2 = 53

CALCUL MENTAL

24 + 18 = 42	57 + 18 = 75
53 + 28 = 81	63 + 28 = 91
45 + 38 = 83	89 + 18 = 107
28 + 18 = 46	44 + 38 = 82
63 + 28 = 91	31 + 48 = 79
46 + 38 = 84	67 + 28 = 95
82 + 28 = 110	79 + 28 = 107
54 + 28 = 82	83 + 18 = 101
42 + 38 = 80	46 + 38 = 84
38 + 38 = 76	124 + 38 = 162

CALCUL RAPIDE

67 + 18 =	145 + 38 =
94 + 38 =	184 + 18 =
52 + 48 =	173 + 68 =
35 + 58 =	244 + 58 =
84 + 68 =	236 + 48 =
112 + 28 =	306 + 58 =
183 + 48 =	148 + 28 =
89 + 38 =	94 + 48 =
74 + 58 =	137 + 38 =
57 + 38 =	215 + 68 =

CALCUL RAPIDE APPLIQUÉ

1. Félicie a 75 F pour acheter un disque compact ; il lui manque encore 28 F.
Quel est le prix du disque ?

2. Dans une planche de bois, Papa coupe un morceau de 184 cm et un autre de 38 cm.
Quelle longueur totale de bois a-t-il coupée ?

3. Pour décorer une salle de jeux, Annie a confectionné 58 roses en papier le matin et 137 l'après-midi.
Quel est le nombre total de roses faites par Annie ?

AJOUTER 18, 28, 38...*

Calcul mental

39 + 18 = 57	87 + 68 = 155
64 + 38 = 102	69 + 48 = 117
53 + 28 = 81	123 + 38 = 161
85 + 18 = 103	165 + 48 = 213
12 + 68 = 80	184 + 28 = 212
16 + 78 = 94	207 + 48 = 255
55 + 48 = 103	221 + 58 = 279
64 + 28 = 92	156 + 28 = 184
86 + 28 = 114	243 + 18 = 261
114 + 48 = 162	108 + 78 = 186

Calcul rapide

94 + 48 =	253 + 38 =
178 + 38 =	194 + 78 =
224 + 48 =	219 + 88 =
176 + 58 =	345 + 58 =
261 + 38 =	442 + 28 =
265 + 38 =	279 + 38 =
346 + 48 =	315 + 68 =
451 + 28 =	506 + 88 =
388 + 18 =	432 + 78 =
557 + 38 =	614 + 58 =

Calcul rapide appliqué

1. Sur une cassette vidéo, on enregistre un film d'une durée de 135 min et un documentaire de 38 min.
Quelle est la durée totale enregistrée ?

2. Une robe qui valait 435 F a augmenté de 68 F.
Quel est son nouveau prix ?

3. On a prélevé 78 l dans une citerne qui maintenant ne contient plus que 372 l.
Combien de litres contenait-elle au départ ?

AJOUTER UN NOMBRE ENTIER ET UN NOMBRE DÉCIMAL

14 + 5,5 = (14 + 5) + 0,5 = 19 + 0,5 = 19,5

Calcul mental

30 + 4,5 = 34,5	46 + 14,3 = 60,3
26 + 3,8 = 29,8	67 + 21,5 = 88,5
38 + 2,6 = 40,6	125 + 40,32 = 165,32
55 + 4,9 = 59,9	113 + 7,6 = 120,6
63 + 7,3 = 70,3	89 + 18,6 = 107,6
29 + 5,4 = 34,4	243 + 16,4 = 259,4
37 + 2,2 5 = 39,25	16 + 31,8 = 47,8
64 + 8,62 = 72,62	334 + 9,5 = 343,5
93 + 7,8 = 100,8	128 + 14,2 = 142,2
88 + 4,31 = 92,31	67 + 4,8 = 71,8

Calcul rapide

31 + 9,12 =	66 + 39,4 =
74 + 6,7 =	163 + 21,17 =
58 + 14,5 =	428 + 12,53 =
79 + 4,83 =	519 + 8,965 =
86 + 5,18 =	703 + 18,12 =
114 + 9,44 =	815 + 51,33 =
121 + 121,8 =	59 + 120,7 =
217 + 31,48 =	137 + 48,6 =
385 + 19,63 =	206 + 75,41 =
276 + 27,4 =	338 + 17,51 =

Calcul rapide appliqué

1. Valentine a parcouru à bicyclette 6 km ce matin, puis 8,5 km cet après-midi.
Quelle distance totale a-t-elle parcourue ?

2. Patrick dispose de 37 F. Il lui manque 7,55 F pour s'acheter le jeu qu'il désire.
Quel est le prix de ce jeu ?

3. La population d'un pays était de 48 millions d'habitants. Au dernier recensement, on a constaté qu'elle avait augmenté de 1,75 millions de personnes.
Quel est désormais le nombre d'habitants de ce pays ?

4. Maman a dépensé 239 F à la boucherie et 8,75 F à la boulangerie.
Calcule sa dépense totale.

AJOUTER UN NOMBRE ENTIER ET UN NOMBRE DÉCIMAL*

Calcul mental		Calcul rapide	
43 + 8,72 = 51,72	256 + 9,3 = 265,3	63 + 41,7 =	207 + 87,8 =
27 + 3,25 = 30,25	173 + 7,7 = 180,7	37 + 17,3 =	132 + 43,6 =
49 + 6,19 = 55,19	94 + 15,2 = 109,2	85 + 15,25 =	436 + 16,64 =
62 + 14,24 = 76,24	131 + 15,3 = 146,3	109 + 82,8 =	547 + 18,94 =
45 + 8,31 = 53,31	362 + 37,8 = 399,8	236 + 12,63 =	623 + 11,67 =
76 + 17,4 = 93,4	510 + 64,1 = 574,1	94 + 107,4 =	1 019 + 51,8 =
224 + 30,6 = 254,6	415 + 25,6 = 440,6	138 + 12,1 =	255 + 12,41 =
136 + 14,2 = 150,2	301 + 89,12 = 390,12	269 + 3,362 =	186 + 94,6 =
413 + 0,73 = 413,73	151 + 58,6 = 209,6	324 + 8,504 =	371 + 39,64 =
107 + 3,21 = 110,21	147 + 13,15 =160,15	712 + 9,51 =	49 + 207,3 =

Calcul rapide appliqué

1. Pour une course pédestre, les coureurs emprunteront un circuit de 9 km, puis finiront par une ligne droite de 0,65 km.
Quelle est la longueur totale de cette course ?

2. Sur le plateau d'une balance, on pose un colis de 2,915 kg et un autre de 3 kg.
Quelle masse totale s'affiche sur la balance ?

3. Cette semaine, pour faire ses courses au supermarché, madame Cassel a dépensé 307 F mardi et 518,25 F vendredi.
Quelle est sa dépense pour la semaine ?

4. On charge un camion en 2 fois. On amène d'abord une tonne de marchandises et, plus tard, 0,36 t de plus que la première fois.
Quelle est la masse totale du chargement ?

AJOUTER 2 NOMBRES DÉCIMAUX

3,4 + 5,2 = 8,6

CALCUL MENTAL

8,4 + 2,5 = 10,9	9,6 + 12,3 = 21,9
9,3 + 3,2 = 12,5	13,4 + 5,2 = 18,6
5,2 + 0,25 = 5,45	42,5 + 9,5 = 52
16,7 + 3,2 = 19,9	10,54 + 12,1 = 22,64
34,3 + 6,5 = 40,8	32,6 + 8,4 = 41
51,3 + 8,31 = 59,61	14,8 + 31,1 = 45,9
8,25 + 2,4 = 10,65	3,89 + 0,01 = 3,90
3,63 + 1,04 = 4,67	52,5 + 1,5 = 54
45,6 + 7,2 = 52,8	74,7 + 21,2 = 95,9
62,1 + 8,6 = 70,7	81,35 + 7,2 = 88,55

CALCUL RAPIDE

38,4 + 9,5 =	37,6 + 4,63 =
63,2 + 8,48 =	88,5 + 14,45 =
40,8 + 5,7 =	175,2 + 0,94 =
52,6 + 34,5 =	73,3 + 17,25 =
320,5 + 48,5 =	204,8 + 18,12 =
33,7 + 7,44 =	5,3 + 18,42 =
93,2 + 34 =	917 + 91,7 =
13,8 + 3,7 =	36,2 + 3,62 =
412,5 + 5,25 =	4,9 + 53,11 =
127,2 + 33,75 =	4,85 + 17,2 =

CALCUL RAPIDE APPLIQUÉ

1. Monsieur Valentini entoure son jardin d'une clôture. Il en a déjà posé 34,50 m ; il lui en reste 45,50 m à installer.
Quelle sera la longueur totale de la clôture ?

2. Madame Dulout achète un grille-pain à 202,80 F et un réveil à 74,20 F.
Combien a-t-elle dépensé ?

3. Le détail de sa facture de téléphone indique à monsieur Lesourd qu'il doit payer 75,75 F d'abonnement et 121,15 F de communications.
Quel est le montant de sa facture ?

4. Pour préparer un cocktail, Edwige a mélangé 1,5 l de jus d'ananas avec 25 cl de sirop de grenadine.
Quelle est, en l, la quantité de boisson obtenue ?

AJOUTER 2 NOMBRES DÉCIMAUX

CALCUL MENTAL

9,7 + 3,2	= 12,9	39,3 + 4,4	= 43,7
12,5 + 7,4	= 19,9	12,8 + 1,7	= 14,5
3,6 + 1,4	= 5	5,24 + 1,42	= 6,66
7,8 + 0,5	= 8,3	9,72 + 0,18	= 9,90
25,2 + 30,6	= 55,8	17,31 + 15,1	= 32,41
49,8 + 1,3	= 51,1	63,05 + 3,25	= 66,30
30,74 + 5,2	= 35,94	14,7 + 7,3	= 22
6,22 + 1,41	= 7,63	35,62 + 2,05	= 37,67
131,4 + 20,3	= 151,7	4,41 + 1,53	= 5,94
82,6 + 38	= 120,6	0,7 + 3,3	= 4

CALCUL RAPIDE

42,6 + 38,3 =	94,8 + 5,3 =
17,9 + 2,1 =	3,87 + 0,13 =
65,44 + 16,21 =	7,52 + 1,55 =
19,07 + 14,5 =	18,5 + 18,5 =
35 + 31,94 =	14,85 + 95,15 =
48,6 + 19 =	172,75 + 0,25 =
163,1 + 27,85 =	88,8 + 174 =
18,419 + 0,061 =	17,45 + 5,37 =
16,7 + 8,6 =	329,1 + 8,64 =
84,28 + 9,4 =	0,08 + 16,7 =

CALCUL RAPIDE APPLIQUÉ

1. Un représentant de commerce a dépensé hier soir 135,50 F en frais d'hôtel et 84,50 F au restaurant.
Calcule le montant total de ses frais.

2. Quelle masse représentent ensemble un colis pesant 3,7 kg et un autre pesant 0,5 kg de moins que le premier ?

3. Avant de se rendre chez des amis, monsieur et madame Échevin achètent un bouquet de fleurs à 49,75 F et une boîte de chocolats à 53,35 F.
Quelle somme ont-ils dépensée ?

4. Lise achète une carte postale à 8,90 F et l'affranchit à 2,30 F.
Combien a-t-elle dépensé ?

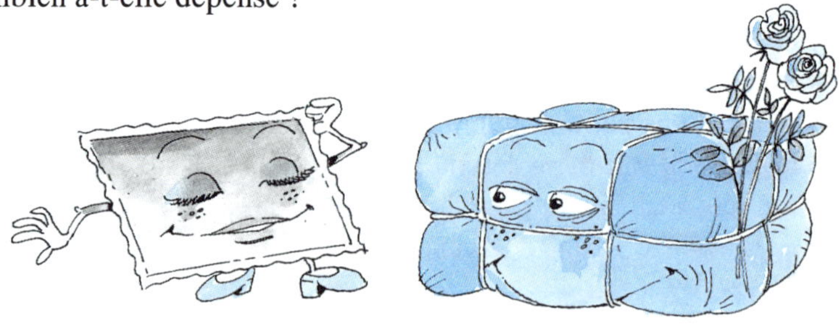

AJOUTER 2 GRANDS NOMBRES

1 274 + 122 = (1 200 + 100) + (70 + 20) + (4 + 2)
= 1 300 + 90 + 6 = 1 396

CALCUL MENTAL

1 700 + 300 = 2 000
3 400 + 700 = 4 100
15 500 + 11 000 = 26 500
24 000 + 14 000 = 38 000
31 000 + 32 000 = 63 000
3 900 000 + 56 000 =3 956 000
17 600 + 400 = 18 000
21 000 + 73 000 = 94 000
64 200 + 620 = 64 820
81 600 + 400 = 82 000

381 000 + 10 000 = 391 000
630 000 + 35 000 = 665 000
1 201 000 + 49 000 = 1 250 000
212 000 + 9 000 = 221 000
461 500 + 500 = 462 000
770 200 + 800 = 771 000
990 000 + 10 000 = 1 000 000
830 000 + 44 000 = 874 000
580 000 + 16 000 = 596 000
450 000 + 130 000 = 580 000

CALCUL RAPIDE

174 000 + 5234 =
730 000 + 83 549 =
32 200 + 16 406 =
45 000 + 31 217 =
143 000 + 29 200 =
28 000 + 14 500 =
69 000 + 13 236 =
731 000 + 39 300 =
7 220 + 12 009 =
100 100 + 905 =

112 500 + 700 =
1 306 000 + 42 000 =
644 400 + 605 =
2 823 000 + 13 000 =
765 000 + 105 000 =
430 100 + 28 600 =
3 850 000 + 150 000 =
342 300 + 510 000 =
6 677 000 + 13 000 =
268 700 + 100 200 =

CALCUL RAPIDE APPLIQUÉ

1. La population d'un pays était de 49 350 000 habitants. Lors du dernier recensement, on a constaté qu'elle avait augmenté de 1 250 000 personnes. Quelle est maintenant la population de ce pays ?

2. Le comptable d'une petite entreprise constate que l'ensemble des salaires qui atteignait 121 800 F le mois dernier a augmenté de 1 200 F ce mois-ci. Quelle somme représente maintenant le total des salaires ?

3. En 1986, la société Peugeot a vendu environ 490 000 modèles 205 et 250 000 modèles 309.
Combien ces 2 modèles représentent-ils de véhicules vendus?

AJOUTER 2 GRANDS NOMBRES*

Calcul mental

35 700 + 3 000 = 38 700
63 600 + 400 = 64 000
86 300 + 12 000 = 98 300
48 000 + 22 000 = 70 000
25 800 + 200 = 26 000
53 200 + 1 200 = 54 400
62 000 + 62 000 = 124 000
10 000 + 105 000 = 115 000
35 600 + 405 = 36 005
22 300 + 1 700 = 24 000

46 200 + 1 700 = 47 900
34 000 + 41 000 = 75 000
1 650 000 + 2 100 000 = 3 750 000
1 800 400 + 100 000 = 1 900 400
2 720 000 + 30 000 = 2 750 000
961 300 + 10 000 = 971 300
58 300 + 11 000 = 69 300
1 200 500 + 70 000 = 1 270 500
710 400 + 600 = 711 000
320 300 + 110 000 = 430 300

Calcul rapide

133 000 + 77 000 =
220 100 + 1 900 =
556 300 + 700 =
721 200 + 72 000 =
390 000 + 130 000 =
372 500 + 31 200 =
667 000 + 13 000 =
810 000 + 90 000 =
470 400 + 605 =
575 300 + 15 000 =

610 700 + 300 =
302 420 + 20 000 =
220 000 + 130 500 =
735 500 + 800 =
154 250 + 10 500 =
1 810 900 + 150 =
960 205 + 300 000 =
2 641 700 + 1 300 000 =
5 450 500 + 2 320 000 =
3 233 300 + 7 300 =

Calcul rapide appliqué

1. En 1984, les aéroports de Londres ont vu passer 47 200 000 passagers, ceux de Paris 32 800 000.
Combien de voyageurs ont transité par ces deux villes ?

2. Lors des deux derniers matches du Championnat de France de football, le Parc des Princes a accueilli 23 700 spectateurs, puis 24 500.
Combien de personnes ont assisté à ces deux rencontres ?

3. Les deux régions du Massif Central, l'Auvergne et le Limousin, ont une superficie respective de 26 013 km^2 et 16 942 km^2.
Quelle superficie totale couvrent ces deux régions ?

CALCUL APPROCHÉ D'UNE SOMME ENCADREMENTS

40 < 33 + 13 < 60

(30 + 10) < 46 < (40 + 20)

Calcul rapide (encadrements)

< 31 + 24 <
< 16 + 36 <
< 28 + 41 <
< 44 + 73 <
< 36 + 84 <
< 43 + 97 <
< 67 + 38 <
< 24 + 26 <
< 89 + 52 <
< 105 + 66 <

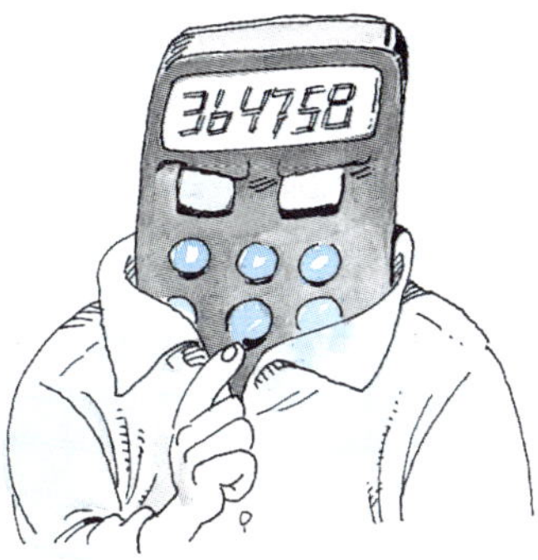

< 48 + 28 <
< 67 + 35 <
< 39 + 94 <
< 98 + 89 <
< 67 + 68 <
< 23 + 67 <
< 25 + 37 <
< 17 + 209 <
< 64 + 48 <
< 39 + 51 <

< 274 + 831 <
< 369 + 364 <
< 521 + 271 <
< 398 + 498 <
< 711 + 555 <
< 324 + 603 <
< 165 + 578 <
< 398 + 642 <
< 323 + 398 <
< 701 + 271 <

< 247 + 862 <
< 637 + 513 <
< 1 248 + 479 <
< 396 + 27 <
< 3 408 + 144 <
< 1 236 + 724 <
< 5 794 + 248 <
< 6 708 + 35 <
< 3 333 + 4 226 <
< 2 786 + 138 <

Calcul rapide appliqué

1. Des responsables régionaux avaient promis la construction de 80 km de voies rapides. Un premier tronçon de 45 km puis un autre de 43 km ont été aménagés.
Les responsables ont-ils tenu leur promesse ?

2. Pierre estime qu'il lui faudrait avoir économisé entre 700 et 800 F avant de partir en vacances. Des deux boîtes où il range son argent, il sort respectivement 317 F et 373 F.
A-t-il assez économisé ?

CALCUL APPROCHÉ D'UNE SOMME ENCADREMENTS*

CALCUL RAPIDE (ENCADREMENTS)

< 119 + 376 <	< 1 326 + 519 <
< 234 + 428 <	< 2 453 + 682 <
< 326 + 513 <	< 1 784 + 352 <
< 514 + 614 <	< 1 635 + 917 <
< 207 + 409 <	< 1 302 + 673 <
< 351 + 318 <	< 1 045 + 541 <
< 642 + 726 <	< 2 137 + 2 137 <
< 539 + 984 <	< 4 635 + 3 510 <
< 1 245 + 415 <	< 174 + 4 824 <
< 1 510 + 674 <	< 2 763 + 3 365 <
< 876 + 384 <	< 9 764 + 7 615 <
< 298 + 765 <	< 5 279 + 3 817 <
< 3 186 + 4 973 <	< 3 865 + 6 844 <
< 5 410 + 6 821 <	< 2 715 + 3 008 <
< 3 796 + 5 436 <	< 4 888 + 2 761 <
< 8 724 + 2 674 <	< 9 325 + 8 654 <
< 5 430 + 5 310 <	< 17 874 + 927 <
< 6 708 + 7 615 <	< 52 196 + 1 206 <
< 5 432 + 5 894 <	< 3 545 + 3 527 <
< 9 714 + 8 513 <	< 43 256 + 2 418 <

CALCUL RAPIDE APPLIQUÉ

1. Dans une ville, on dénombre 12 375 habitants français et 812 d'origine étrangère.
Encadre, à la centaine près, le nombre total d'habitants de cette ville.

2. Un cultivateur a récolté 562 q de blé et 486 q de maïs.
Encadre, à la dizaine près, sa production totale de céréales.

3. En 1986, l'URSS a produit 92 300 000 t de blé, les USA 56 792 000 t.
Encadre, au million près, la production totale de blé pour ces deux pays.

4. Un constructeur automobile a vendu en une année 490 500 exemplaires d'un modèle et 365 700 d'un autre modèle.
Encadre, à la dizaine de millier près, la production totale de ces deux modèles.

L'ADDITION : VALEUR APPROCHÉE

On choisira la valeur approchée parmi les 3 résultats proposés

51 + 37 ≈ 60 70 <u>90</u>

Calcul rapide

52 + 36 ≈	60	90	120
47 + 58 ≈	100	120	150
136 + 73 ≈	160	170	200
65 + 167 ≈	180	200	230
74 + 47 ≈	90	120	150
383 + 225 ≈	400	500	600
417 + 880 ≈	1 000	1 100	1 300
798 + 499 ≈	1 000	1 100	1 300
566 + 465 ≈	1 000	1 200	1 500
1 032 + 185 ≈	1 200	1 400	1 500
7 212 + 1 650 ≈	8 000	9 000	10 000
170 + 323 ≈	350	500	650
3 636 + 5 850 ≈	9 000	10 000	11 000
6 560 + 702 ≈	7 000	7 200	7 400
4 355 + 6 513 ≈	8 000	10 000	15 000
48 300 + 7 625 ≈	11 000	49 000	55 000
3 624 + 537 ≈	4 000	4 500	5 000
10 749 + 6 214 ≈	7 000	11 000	17 000
2 785 + 318 ≈	3 000	5800	30 000
30 246 + 9 160 ≈	31 000	40 000	390 000
7,48 + 12 ≈	7,5	20	75
394,5 + 19 ≈	395	420	490
2,54 + 3,8 ≈	3	5	6
9,6 + 214 ≈	10	200,6	225
146,5 + 37 ≈	150	180	370

Calcul rapide appliqué

1. Patrick place dans un colis un paquet de gâteaux pesant 320 g et une boîte pesant 575 g. La masse totale du colis sera d'environ : 800 g , 900 g, 5 700 g.

2. Une course cycliste se déroule sur 4 étapes longues respectivement de 108 km, 127 km, 94,5 km et 165 km. La distance totale à parcourir sera d'environ : 500 km, 700 km, 1 300 km.

L'ADDITION : SYNTHÈSE

Calcul mental

35 + 6 = 41	55 + 8 = 63
14 + 7 = 21	70 + 50 = 120
60 + 80 = 140	71 + 10 = 81
63 + 9 = 72	42 + 30 = 72
50 + 70 = 120	86 + 7 = 93
82 + 8 = 90	94 + 20 = 114
47 + 9 = 56	90 + 90 = 180
56 + 8 = 64	73 + 40 = 113
30 + 80 = 110	49 + 30 = 79
43 + 6 = 49	18 + 9 = 27

Calcul rapide

54 + 9 =	32 + 6 =
33 + 8 =	50 + 80 =
24 + 60 =	74 + 9 =
72 + 7 =	96 + 4 =
50 + 40 =	63 + 7 =
18 + 7 =	80 + 30 =
76 + 6 =	45 + 20 =
80 + 50 =	40 + 63 =
67 + 40 =	32 + 10 =
41 + 9 =	77 + 50 =

Calcul rapide appliqué

1. Un film programmé à 20 h 35 min débute avec 8 minutes de retard.
À quelle heure commence-t-il ?

2. Dans un parking, il y a 87 voitures garées au niveau 1 et 60 voitures au niveau 2.
Combien y a-t-il de voitures stationnées dans ce parking ?

3. Dans une station de sports d'hiver, on annonçait, la semaine dernière, 180 cm de neige en haut des pistes. Il en est tombé 30 cm de plus cette semaine.
Quelle est, maintenant, la hauteur de neige au sommet des pistes ?

L'ADDITION : SYNTHÈSE*

CALCUL MENTAL		CALCUL RAPIDE	
81 + 9 = 90	76 + 4,25 = 80,25	32,3 + 7,6 =	74 + 9,5 =
60 + 70 = 130	110 + 60 = 170	5,15 + 3,05 =	12,6 + 3,35 =
43 + 8 = 51	38 + 3,7 = 41,7	66 + 49 =	63 + 97 =
37 + 19 = 56	5,7 + 3,1 = 8,8	236 + 59 =	2,25 + 1,75 =
59 + 30 = 89	76 + 29 = 105	17 + 48 =	452 + 299 =
24 + 28 = 52	8,5 + 1,5 = 10	44,7 + 8,3 =	317 + 189 =
66 + 4,5 = 70,5	94 + 18 = 112	951 + 49 =	0,44 + 5,1 =
90 + 38 = 128	69 + 12,5 = 81,5	7,64 + 1,32 =	268 + 398 =
72 + 74 = 146	4,3 + 2,7 = 7	34 + 95 =	3,21 + 289 =
48 + 3,2 = 51,2	26 + 99 = 125	65 + 119 =	539 + 452 =

CALCUL RAPIDE APPLIQUÉ

1. Maman vérifie sur son chéquier le montant des achats qu'elle a effectués cette semaine au supermarché. Elle note ainsi 352,50 F et 250,30 F.
Quelle somme totale a-t-elle dépensée?

2. Pierre est heureux : «Avec les 2 000 F que j'ai économisés, je vais enfin pouvoir acheter un VTT et son équipement.»
A-t-il raison ou tort ?

3. Robert, qui a 37 ans, a 16 ans de moins que Gaston.
Quel est l'âge de Gaston ?

RETRANCHER 1,2,3 À UN NOMBRE À 1 CHIFFRE

CALCUL MENTAL

3 – 2 = 1	4 – 3 = 1
2 – 1 = 1	6 – 2 = 4
7 – 3 = 4	5 – 3 = 2
9 – 2 = 7	7 – 1 = 6
4 – 1 = 3	9 – 3 = 6
6 – 3 = 3	8 – 2 = 6
5 – 2 = 3	4 – 2 = 2
8 – 3 = 5	3 – 1 = 2
5 – 1 = 4	9 – 1 = 8
7 – 2 = 5	7 – 3 = 4

CALCUL RAPIDE

8 – 3 =	6 – 2 =
7 – 2 =	3 – 3 =
6 – 3 =	2 – 2 =
5 – 1 =	7 – 1 =
4 – 2 =	5 – 2 =
9 – 3 =	9 – 2 =
6 – 1 =	6 – 2 =
5 – 3 =	8 – 2 =
7 – 3 =	6 – 3 =
4 – 3 =	5 – 3 =

CALCUL RAPIDE APPLIQUÉ

1. D'un bouquet de 9 roses, maman jette 2 fleurs fânées.
Combien de roses composent maintenant le bouquet ?

2. Gilles a égaré 3 des 7 crayons de couleur qui étaient sur son bureau. Combien de crayons lui reste-t-il ?

3. Sur les 8 voitures qui participaient à une compétition, 4 ont déjà franchi la ligne d'arrivée.
Combien de voitures sont encore en course ?

4. Sophie a 7 ans et Mathieu 4 ans de moins qu'elle.
Quel âge a Mathieu ?

RETRANCHER 1, 2, 3 À UN NOMBRE À 2 CHIFFRES

Calcul mental

12 – 2 = 10	57 – 3 = 54
14 – 3 = 11	64 – 2 = 62
17 – 1 = 16	26 – 1 = 25
24 – 3 = 21	43 – 2 = 41
35 – 2 = 33	16 – 3 = 13
66 – 1 = 65	35 – 3 = 32
43 – 2 = 41	74 – 2 = 72
58 – 1 = 57	87 – 1 = 86
36 – 3 = 33	28 – 3 = 25
45 – 2 = 43	93 – 2 = 91

Calcul rapide

24 – 3 =	71 – 2 =
76 – 2 =	43 – 3 =
43 – 1 =	32 – 2 =
61 – 2 =	84 – 1 =
80 – 3 =	66 – 3 =
37 – 2 =	57 – 3 =
62 – 3 =	51 – 3 =
59 – 2 =	72 – 3 =
26 – 1 =	20 – 2 =
71 – 3 =	63 – 1 =

Calcul rapide appliqué

1. Le collier de perles de Mathilde s'est cassé ! Elle a perdu 3 des 42 perles qui le composaient. Combien de perles lui reste-t-il ?

2. Laurent était parti en vacances pour 21 jours, mais il doit les raccourcir de 2 jours.
Combien de jours de vacances aura-t-il pris ?

3. Clémence achète un journal. Elle donne 30 F, la vendeuse lui rend 2 F.
Quel est le prix de ce journal ?

4. Julia pèse 3 kg de moins qu'Aurélie qui pèse 41 kg.
Quel est le poids de Julia ?

RETRANCHER 1, 2, 3 À UN NOMBRE À 2 CHIFFRES*

CALCUL MENTAL

25 – 3 = 22	82 – 3 = 79
74 – 2 = 72	74 – 1 = 73
62 – 3 = 59	61 – 2 = 59
51 – 1 = 50	40 – 2 = 38
43 – 2 = 41	53 – 3 = 50
36 – 1 = 35	32 – 3 = 29
11 – 2 = 9	70 – 2 = 68
97 – 3 = 94	85 – 1 = 84
84 – 2 = 82	93 – 2 = 91
6 – 3 = 3	61 – 3 = 58

CALCUL RAPIDE

51 – 2 =	71 – 3 =
73 – 3 =	63 – 2 =
32 – 1 =	32 – 3 =
25 – 3 =	25 – 1 =
57 – 2 =	49 – 2 =
11 – 3 =	50 – 2 =
17 – 2 =	62 – 3 =
80 – 1 =	43 – 3 =
61 – 2 =	90 – 1 =
44 – 2 =	91 – 3 =

CALCUL RAPIDE APPLIQUÉ

1. Maxime avait 40 voitures miniatures. Il en a donné 3 à un camarade. Combien lui en reste-t-il ?

2. Laura possédait 71 F. Elle vient de s'acheter des bonbons pour une valeur de 2 F.
Quelle somme lui reste-t-il ?

3. En voulant les ranger, maman a cassé 3 de ses 12 flûtes à champagne. Combien de flûtes lui reste-t-il ?

RETRANCHER 1, 2...5 À UN NOMBRE À 2 CHIFFRES

Calcul mental

39 – 4 = 35	33 – 3 = 30
54 – 3 = 51	56 – 1 = 55
73 – 2 = 71	28 – 2 = 26
35 – 4 = 31	65 – 4 = 61
67 – 5 = 62	52 – 3 = 49
56 – 5 = 51	19 – 5 = 14
14 – 3 = 11	48 – 4 = 44
29 – 2 = 27	86 – 5 = 81
88 – 1 = 87	65 – 3 = 62
75 – 2 = 73	94 – 3 = 91

Calcul rapide

53 – 4 =	63 – 4 =
36 – 3 =	75 – 5 =
65 – 2 =	84 – 3 =
42 – 3 =	96 – 2 =
17 – 5 =	63 – 5 =
85 – 3 =	41 – 3 =
67 – 4 =	30 – 2 =
86 – 3 =	11 – 5 =
94 – 3 =	24 – 5 =
43 – 5 =	70 – 1 =

Calcul rapide appliqué

1. Patricia achète pour 4 F de bonbons. Elle possédait 40 F.
Combien lui reste-t-il ?

2. Maman casse 3 œufs sur les deux douzaines qu'elle vient d'acheter.
Combien d'œufs pourra-t-elle encore utiliser ?

3. Monsieur Lartique avait 47 km à parcourir pour se rendre chez sa sœur.
Dans 5 km, il sera arrivé.
Quelle distance a-t-il déjà parcourue ?

RETRANCHER 1, 2...5
À UN NOMBRE À 2 CHIFFRES*

CALCUL MENTAL		CALCUL RAPIDE	
62 – 4 = 58	24 – 5 = 19	71 – 5 =	61 – 4 =
37 – 1 = 36	43 – 4 = 39	64 – 5 =	92 – 3 =
44 – 3 = 41	82 – 3 = 79	43 – 4 =	70 – 4 =
53 – 2 = 51	95 – 4 = 91	52 – 3 =	34 – 3 =
25 – 4 = 21	76 – 1 = 75	37 – 2 =	63 – 5 =
51 – 5 = 46	61 – 2 = 59	28 – 4 =	82 – 5 =
48 – 4 = 44	90 – 3 = 87	90 – 1 =	70 – 2 =
56 – 5 = 51	57 – 4 = 53	87 – 5 =	93 – 5 =
82 – 3 = 79	40 – 5 = 35	71 – 5 =	90 – 4 =
74 – 5 = 69	42 – 4 = 38	50 – 3 =	71 – 5 =

CALCUL RAPIDE APPLIQUÉ

1. Une fleuriste reçoit une livraison de 72 roses. Elle en jette 5 qui sont abîmées.
Combien de roses pourra-t-elle vendre ?

2. Dans un cubitainer d'une capacité de 33 l, on a déjà versé 5 l de vin.
Peut-on encore en ajouter 29 l ?

3. Tatiana est âgée de 31 ans. Son frère Maxence a 4 ans de moins qu'elle.
Quel est l'âge de Maxence ?

4. Madame Michel pesait 82 kg,
mais elle a perdu 5 kg.
Quel est son poids actuel ?

RETRANCHER 1, 2, 3...7 À UN NOMBRE À 2 CHIFFRES

Calcul mental

18 – 6 = 12	26 – 5 = 21
36 – 4 = 32	75 – 6 = 69
45 – 3 = 42	88 – 7 = 81
54 – 5 = 49	99 – 7 = 92
27 – 7 = 20	67 – 4 = 63
63 – 4 = 59	56 – 3 = 53
76 – 5 = 71	47 – 6 = 41
51 – 3 = 48	38 – 4 = 34
34 – 5 = 29	39 – 7 = 32
48 – 7 = 41	23 – 6 = 17

Calcul rapide

48 – 6 =	22 – 4 =
63 – 4 =	16 – 6 =
86 – 2 =	64 – 7 =
79 – 7 =	31 – 3 =
64 – 6 =	93 – 5 =
98 – 7 =	65 – 7 =
31 – 4 =	42 – 4 =
59 – 5 =	84 – 7 =
23 – 7 =	57 – 6 =
77 – 4 =	31 – 5 =

Calcul rapide appliqué

1. En raison de travaux , 6 places du parking de la gare sont interdites au stationnement.
Sur les 81 places de ce parking, combien sont actuellement utilisables ?

2. Laurent a terminé 7e d'une course cycliste dans laquelle on comptait 63 engagés.
Combien de coureurs a-t-il battus ?

3. En regardant l'étiquette ci-dessous, Maman constate : «Ce produit était 7 F moins cher dans le magasin voisin !»
Quel était donc son prix ?

HYPERPRIX
34 F

RETRANCHER 1, 2, 3...7 À UN NOMBRE À 2 CHIFFRES*

Calcul mental

48 – 6 = 42	33 – 5 = 28
79 – 7 = 72	24 – 6 = 18
36 – 7 = 29	65 – 7 = 58
63 – 4 = 59	76 – 3 = 73
14 – 6 = 8	83 – 6 = 77
27 – 1 = 26	94 – 7 = 87
73 – 7 = 66	45 – 2 = 43
96 – 5 = 91	33 – 7 = 26
68 – 4 = 64	52 – 6 = 46
55 – 7 = 48	13 – 5 = 8

Calcul rapide

81 – 7 =	18 – 4 =
43 – 4 =	27 – 4 =
92 – 6 =	61 – 7 =
96 – 7 =	52 – 6 =
74 – 5 =	43 – 7 =
33 – 7 =	31 – 3 =
62 – 6 =	94 – 7 =
21 – 5 =	83 – 6 =
17 – 3 =	62 – 5 =
50 – 6 =	44 – 7 =

Calcul rapide appliqué

1. Un film qui durait 83 minutes a été raccourci de 7 min.
Quelle est sa nouvelle durée ?

2. Marie s'achète un nouveau pantalon. En paiement, elle donne 250 F.
La vendeuse lui rend 6 F.
Quel est le prix du pantalon ?

3. Dans une classe de 31 élèves, on dénombre 5 élèves absents.
Quel est le nombre de présents ?

4. En vacances d'hiver à la montagne, Pierre annonce : «Dans la journée, l'épaisseur de neige a diminué de 7 cm devant le chalet, car, ce matin, elle atteignait 41 cm.»
Quelle est donc, ce soir, la hauteur de neige ?

RETRANCHER 10

57 - 10 = 47

Calcul mental		Calcul rapide	
31 – 10 = 21	61 – 10 = 51	371 – 10 =	617 – 10 =
57 – 10 = 47	77 – 10 = 67	103 – 10 =	534 – 10 =
75 – 10 = 65	94 – 10 = 84	635 – 10 =	371 – 10 =
93 – 10 = 83	85 – 10 = 75	556 – 10 =	798 – 10 =
66 – 10 = 56	46 – 10 = 36	820 – 10 =	246 – 10 =
24 – 10 = 14	28 – 10 = 18	981 – 10 =	232 – 10 =
82 – 10 = 72	63 – 10 = 53	410 – 10 =	625 – 10 =
78 – 10 = 68	52 – 10 = 42	742 – 10 =	153 – 10 =
80 – 10 = 70	95 – 10 = 85	397 – 10 =	871 – 10 =
67 – 10 = 57	34 – 10 = 24	523 – 10 =	789 – 10 =

Calcul rapide appliqué

1. D'une citerne contenant 305 litres d'eau, on a retiré le contenu d'un seau de 10 l.
Quelle quantité d'eau la citerne contient-elle encore ?

2. Philippe compte l'argent de sa tirelire et trouve 243 F. Il manque 10 F à sa soeur Caroline pour avoir la même somme.
Combien Caroline possède-t-elle ?

3. La paire de chaussures que Valérie a achetée valait 202 F, mais le marchand a fait une réduction de 10 F.
Combien Valérie a-t-elle payé ?

4. Goupil, le renard, a visité la basse-cour et a dévoré 6 poules la première nuit et 4 la nuit suivante.
Combien reste-t-il de poules dans la basse-cour qui en contenait 23 ?

RETRANCHER 10

147 – 10 = 137

Calcul mental

39 – 10 = 29	781 – 10 = 771
77 – 10 = 67	360 – 10 = 350
164 – 10 = 154	242 – 10 = 232
632 – 10 = 622	853 – 10 = 843
420 – 10 = 410	687 – 10 = 677
866 – 10 = 856	191 – 10 = 181
918 – 10 = 908	573 – 10 = 563
700 – 10 = 690	735 – 10 = 725
373 – 10 = 363	416 – 10 = 406
251 – 10 = 241	281 – 10 = 271

Calcul rapide

120 – 10 =	2 602 – 10 =
304 – 10 =	7 703 – 10 =
5 481 – 10 =	6 470 – 10 =
7 152 – 10 =	1 681 – 10 =
9 364 – 10 =	4 302 – 10 =
3 007 – 10 =	1 604 – 10 =
5 911 – 10 =	3 117 – 10 =
2 728 – 10 =	6 303 – 10 =
4 360 – 10 =	8 702 – 10 =
9 064 – 10 =	5 728 – 10 =

Calcul rapide appliqué

1. Pour régler un achat, Mathieu donne un billet de 500 F. Le vendeur lui rend 10 F. Quel était le montant de cet achat ?

2. Un canapé affiché 7 000 F dans un magasin vaut 10 F de moins dans un magasin voisin. À quel prix est-il alors vendu ?

3. D'un chargement de 603 kg, on retire un colis de 10 kg. Quelle est alors la masse du chargement ?

4. Samuel dit : « Il me manque 10 F pour acheter ce matériel de pêche qui vaut 108,50 F.» Combien Samuel possède-t-il ?

RETRANCHER 2 MULTIPLES DE 10

90 – 30 = (9 – 3) x 10 = 6 x 10 = 60

90 – 30 = 60

Calcul mental

70 – 30 = 40	90 – 30 = 60
50 – 20 = 30	80 – 40 = 40
30 – 10 = 20	50 – 40 = 10
20 – 20 = 0	40 – 10 = 30
40 – 20 = 20	30 – 20 = 10
60 – 30 = 30	60 – 50 = 10
80 – 50 = 30	50 – 10 = 40
90 – 60 = 30	80 – 20 = 60
50 – 30 = 20	70 – 20 = 50
60 – 40 = 20	90 – 40 = 50

Calcul rapide

70 – 50 =	250 – 30 =
80 – 30 =	330 – 40 =
120 – 70 =	140 – 50 =
60 – 20 =	90 – 70 =
90 – 80 =	120 – 70 =
130 – 20 =	150 – 80 =
140 – 60 =	220 – 70 =
70 – 20 =	310 – 40 =
280 – 40 =	430 – 50 =
160 – 80 =	250 – 60 =

Calcul rapide appliqué

1. Pour payer un achat d’une valeur de 80 F, madame Anna donne un billet de 200 F. Combien le vendeur doit-il lui rendre ?

2. Lors d’une étape du Paris-Dakar, longue de 470 km, la voiture de tête n’est plus qu’à 40 km de l’arrivée. Quelle distance a-t-elle déjà parcourue ?

3. À quel prix est vendu ce réveil ?

RETRANCHER 2 MULTIPLES DE 10*

CALCUL MENTAL

320 – 30 = 290	270 – 30 = 240
270 – 40 = 230	480 – 50 = 430
170 – 50 = 120	360 – 80 = 280
470 – 40 = 430	590 – 60 = 530
230 – 20 = 210	610 – 30 = 580
260 – 40 = 220	830 – 40 = 790
320 – 50 = 270	750 – 20 = 730
570 – 60 = 510	370 – 60 = 310
480 – 90 = 390	560 – 30 = 530
330 – 50 = 280	490 – 80 = 410

CALCUL RAPIDE

270 – 60 =	380 – 90 =
410 – 70 =	810 – 70 =
730 – 50 =	240 – 60 =
850 – 60 =	130 – 50 =
120 – 40 =	320 – 70 =
640 – 30 =	460 – 90 =
360 – 90 =	550 – 30 =
590 – 80 =	670 – 20 =
270 – 90 =	730 – 70 =
480 – 50 =	240 – 90 =

CALCUL RAPIDE APPLIQUÉ

1. Si le vendeur accepte de me faire une réduction de 80 F sur le prix de cette chaîne stéréo à 820 F, combien vais-je la payer ?

2. Une école avait commandé un ensemble de livres de bibliothèque pour une valeur totale de 930 F. Mais deux livres valant chacun 35 F sont indisponibles et ne seront donc pas livrés. Quelle sera alors la valeur des livres reçus ?

3. Cette semaine, monsieur Laroue a parcouru 310 km à vélo. monsieur Durayon a effectué 70 km de moins. Combien de kilomètres monsieur Durayon a-t-il parcourus ?

RETRANCHER UN MULTIPLE DE 10 D'UN NOMBRE À 2 CHIFFRES

57 – 30 = (50 – 30) + 7 = 20 + 7 = 27

CALCUL MENTAL

37 – 10 = 27	47 – 10 = 37
23 – 20 = 3	56 – 30 = 26
61 – 30 = 31	34 – 30 = 4
49 – 20 = 29	93 – 10 = 83
54 – 10 = 44	71 – 20 = 51
28 – 10 = 18	59 – 20 = 39
33 – 10 = 23	37 – 20 = 17
74 – 20 = 54	76 – 20 = 56
86 – 10 = 76	52 – 30 = 22
45 – 30 = 15	85 – 10 = 75

CALCUL RAPIDE

74 – 30 =	87 – 40 =
43 – 10 =	68 – 30 =
85 – 40 =	79 – 50 =
89 – 50 =	34 – 20 =
67 – 40 =	91 – 70 =
36 – 10 =	43 – 10 =
96 – 70 =	52 – 30 =
75 – 40 =	71 – 40 =
84 – 30 =	87 – 20 =
88 – 50 =	38 – 10 =

CALCUL RAPIDE APPLIQUÉ

1. Lucette et Nina se sont acheté une écharpe chacune. Celle de Lucette valait 74 F et celle de Nina 20 F de moins.
Quel est le prix de l'écharpe de Nina ?

2. La montre de monsieur Colin valait 96 F, soit 30 F de plus que celle de son fils Rémi.
Quel était le prix de la montre de Rémi ?

3. Amélie avait noté que les vacances d'été duraient 63 jours. 40 jours se sont écoulés.
Combien de jours de vacances reste-t-il ?

RETRANCHER UN MULTIPLE DE 10 D'UN NOMBRE À 2 CHIFFRES*

Calcul mental

57 – 20 = 37	94 – 30 = 64
49 – 30 = 19	89 – 40 = 49
74 – 40 = 34	61 – 40 = 21
88 – 40 = 48	52 – 30 = 22
66 – 30 = 36	86 – 80 = 6
54 – 40 = 14	91 – 70 = 21
74 – 30 = 44	87 – 50 = 37
85 – 50 = 35	56 – 30 = 26
73 – 60 = 13	33 – 20 = 13
92 – 70 = 22	98 – 50 = 48

Calcul rapide

88 – 30 =	91 – 30 =
74 – 60 =	62 – 20 =
56 – 10 =	74 – 40 =
41 – 20 =	83 – 30 =
83 – 40 =	47 – 20 =
92 – 50 =	86 – 60 =
69 – 10 =	71 – 50 =
37 – 20 =	67 – 40 =
71 – 50 =	82 – 30 =
54 – 30 =	95 – 60 =

Calcul rapide appliqué

1. Claudine prend son chien dans les bras et monte sur une balance. Celle-ci indique «47 kg».
Le chien pesant 10 kg, quel est le poids de Claudine ?

2. La grand-mère de Mathieu a 56 ans, soit 30 ans de plus que son fils et 50 ans de plus que son petit-fils.
Quel est l'âge de Mathieu ? Quel est l'âge de son père ?

3. Un livreur avait chargé 84 paquets dans sa camionnette. Il en dépose 40 au premier arrêt.
Combien de paquets lui reste-t-il encore à livrer ?

RETRANCHER 9
(r10 a1)

35 – 9 = (35 – 10) + 1 = 25 + 1 = 26

Calcul mental

23 – 9 = 14	57 – 9 = 48
35 – 9 = 26	70 – 9 = 61
42 – 9 = 33	83 – 9 = 74
14 – 9 = 5	61 – 9 = 52
47 – 9 = 38	34 – 9 = 25
28 – 9 = 19	25 – 9 = 16
36 – 9 = 27	53 – 9 = 44
64 – 9 = 55	46 – 9 = 37
50 – 9 = 41	73 – 9 = 64
41 – 9 = 32	86 – 9 = 77

Calcul rapide

124 – 9 =	93 – 9 =
242 – 9 =	104 – 9 =
136 – 9 =	218 – 9 =
353 – 9 =	321 – 9 =
212 – 9 =	405 – 9 =
131 – 9 =	273 – 9 =
243 – 9 =	194 – 9 =
475 – 9 =	312 – 9 =
567 – 9 =	536 – 9 =
628 – 9 =	428 – 9 =

Calcul rapide appliqué

1. Le responsable d'un grand magasin reçoit une livraison de 500 paquets de sucre. 9 paquets sont abimés.
Combien de paquets pourra-t-il mettre en rayon ?

2. Dans une salle de restaurant de 82 places, 9 sont déjà occupées.
Combien de personnes peuvent encore s'installer ?

3. Au cours d'une compétition de saut en hauteur, le concurrent classé 1er a franchi 217 cm, soit 9 cm de mieux que le deuxième.
Quelle est, en cm, la performance du deuxième?

RETRANCHER 9*

CALCUL MENTAL

92 – 9 = 83	134 – 9 = 125
81 – 9 = 72	122 – 9 = 113
73 – 9 = 64	163 – 9 = 154
16 – 9 = 7	245 – 9 = 236
46 – 9 = 37	86 – 9 = 77
13 – 9 = 4	90 – 9 = 81
33 – 9 = 24	146 – 9 = 137
52 – 9 = 43	220 – 9 = 211
74 – 9 = 65	173 – 9 = 164
66 – 9 = 57	217 – 9 = 208

CALCUL RAPIDE

371 – 9 =	206 – 9 =
143 – 9 =	123 – 9 =
625 – 9 =	812 – 9 =
509 – 9 =	731 – 9 =
467 – 9 =	601 – 9 =
786 – 9 =	913 – 9 =
878 – 9 =	424 – 9 =
641 – 9 =	704 – 9 =
352 – 9 =	612 – 9 =
204 – 9 =	541 – 9 =

CALCUL RAPIDE APPLIQUÉ

1. Le livre de géographie qu'utilise Maxime coûte 88 F, soit 9 F de plus que son livre d'histoire.
Quel est le prix du livre d'histoire ?

2. L'école Prévert a gagné la course-relais des écoles de la commune ! En totalisant 305 km, les élèves de cette école ont couru 9 km de plus que ceux de l'école Brassens, classée 2e.
Quelle est la distance parcourue par les enfants de l'école Brassens ?

3. Il y avait 40 concurrents au départ d'une course pédestre. 9 ont abandonné en cours d'épreuve.
Combien y a-t-il d'arrivants ?

RETRANCHER 8
(r10 a2)

35 – 8 = (35 – 10) + 2 = 25 + 2 = 27

CALCUL MENTAL

44 – 8 = 36	37 – 8 = 29
26 – 8 = 18	63 – 8 = 55
43 – 8 = 35	84 – 8 = 76
37 – 8 = 29	105 – 8 = 97
42 – 8 = 34	36 – 8 = 28
51 – 8 = 43	214 – 8 = 206
84 – 8 = 76	182 – 8 = 174
19 – 8 = 11	91 – 8 = 83
27 – 8 = 19	118 – 8 = 110
86 – 8 = 78	236 – 8 = 228

CALCUL RAPIDE

242 – 8 =	941 – 8 =
167 – 8 =	255 – 8 =
388 – 8 =	428 – 8 =
536 – 8 =	603 – 8 =
754 – 8 =	867 – 8 =
931 – 8 =	511 – 8 =
323 – 8 =	335 – 8 =
649 – 8 =	842 – 8 =
718 – 8 =	97 – 8 =
106 – 8 =	706 – 8 =

CALCUL RAPIDE APPLIQUÉ

1. Le 24 décembre au matin, combien de jours reste-t-il avant la fin de l'année ?
Combien de jours se sont écoulés depuis le début de l'année ?

2. Pour payer un achat, Denis donne un billet de 500 F. Le vendeur lui rend 8 F.
Quel est le montant de l'achat de Denis ?

3. «Ouf !» s'écrie l'escargot, «encore un sprint de 8 cm et j'aurai gagné la 4e course de la salade, longue de 405 cm...!»
Quelle distance ce valeureux sportif a-t-il parcourue ?

RETRANCHER 2 NOMBRES À 2 CHIFFRES SANS RETENUE

63 – 15 = (63 – 10) – 5 = 53 – 5 = 48

Calcul mental

59 – 12 = 47	73 – 12 = 61
48 – 14 = 34	67 – 16 = 51
63 – 11 = 52	45 – 13 = 32
32 – 12 = 20	38 – 14 = 24
57 – 15 = 42	59 – 16 = 43
46 – 13 = 33	64 – 12 = 52
68 – 21 = 47	78 – 11 = 67
89 – 22 = 67	87 – 12 = 75
74 – 13 = 61	63 – 11 = 52
53 – 12 = 41	46 – 15 = 31

Calcul rapide

87 – 24 =	73 – 12 =
65 – 13 =	96 – 64 =
76 – 41 =	88 – 57 =
54 – 32 =	65 – 31 =
43 – 31 =	57 – 26 =
99 – 56 =	43 – 12 =
38 – 15 =	89 – 77 =
77 – 42 =	98 – 78 =
68 – 57 =	73 – 53 =
85 – 31 =	42 – 31 =

Calcul rapide appliqué

1. Une salle de restaurant scolaire peut contenir 96 enfants. Aujourd’hui, 12 places sont vides.
Combien d’enfants prennent leur repas à la cantine ce midi ?

2. Céline a 13 ans et sa maman 37 ans.
Quel âge avait la maman de Céline quand celle-ci est née ?

3. Lors d’une course à la voile, le bateau classé dernier a mis 76 heures pour atteindre le port d’arrivée. Il avait 14 heures de retard sur le premier.
Calcule le temps mis par le bateau arrivé en tête.

RETRANCHER 2 NOMBRES À 2 CHIFFRES SANS RETENUE*

Calcul mental

37 – 24 = 13	76 – 35 = 41
64 – 33 = 31	95 – 22 = 73
85 – 32 = 53	47 – 36 = 11
93 – 23 = 70	83 – 11 = 72
46 – 15 = 31	66 – 25 = 41
78 – 24 = 54	58 – 27 = 31
89 – 32 = 57	32 – 12 = 20
97 – 36 = 61	79 – 31 = 48
65 – 21 = 44	97 – 24 = 73
53 – 12 = 41	48 – 25 = 23

Calcul rapide

77 – 65 =	87 – 65 =
86 – 54 =	79 – 63 =
69 – 48 =	64 – 41 =
58 – 26 =	56 – 34 =
37 – 23 =	75 – 53 =
95 – 84 =	88 – 76 =
86 – 72 =	97 – 95 =
74 – 43 =	94 – 82 =
52 – 31 =	76 – 56 =
61 – 51 =	82 – 61 =

Calcul rapide appliqué

1. Un négociant en vin reçoit une livraison de 84 bouteilles.
12 sont déjà réservées.
Combien de bouteilles pourra-t-il mettre en vente ?

2. La bibliothèque de la classe comporte 97 romans. 24 sont actuellement empruntés.
Combien de romans sont encore disponibles ?

3. Dans un autocar, on peut lire ce panneau :
«Nombre de places assises : 55».
22 personnes sont déjà montées.
31 attendent encore.
Pourront-elles toutes trouver une place assise ?

RETRANCHER 2 NOMBRES À 2 CHIFFRES AVEC RETENUE*

Calcul mental

23 – 15 = 8	41 – 24 = 17
22 – 18 = 4	53 – 35 = 18
30 – 21 = 9	35 – 28 = 7
41 – 12 = 29	64 – 16 = 48
32 – 14 = 18	22 – 14 = 8
24 – 16 = 8	71 – 33 = 38
43 – 14 = 29	56 – 27 = 29
33 – 25 = 8	45 – 27 = 18
24 – 17 = 7	36 – 17 = 19
21 – 13 = 8	53 – 24 = 29

Calcul rapide

72 – 35 =	20 – 12 =
56 – 27 =	82 – 67 =
51 – 43 =	64 – 46 =
63 – 27 =	66 – 37 =
45 – 18 =	57 – 29 =
80 – 61 =	75 – 58 =
64 – 45 =	51 – 13 =
31 – 24 =	33 – 15 =
75 – 57 =	66 – 47 =
93 – 76 =	87 – 69 =

Calcul rapide appliqué

1. Monsieur Depeau avait 73 lapins dans son élevage. Il vient d'en vendre 25.
Combien de lapins lui reste-t-il ?

2. Madame Finbec achète une tarte aux fruits. Elle donne un billet de 50 F et un autre de 20 F. La vendeuse lui rend 14 F.
Quel est le prix de la tarte ?

3. Arnaud est maintenant trop grand pour jouer avec sa collection de 62 soldats ! Il ne garde que les 18 personnages qu'il préfère et donne les autres à son petit frère. Ce dernier est très content, car il possède maintenant 32 petits soldats .
VRAI ou FAUX ?

RETRANCHER 2 NOMBRES À 2 CHIFFRES AVEC RETENUE*

CALCUL MENTAL

63 – 14 = 49	72 – 14 = 58
74 – 26 = 48	64 – 36 = 28
42 – 33 = 9	36 – 28 = 8
35 – 26 = 9	53 – 15 = 38
83 – 24 = 59	85 – 37 = 48
66 – 28 = 38	98 – 39 = 59
51 – 13 = 38	86 – 27 = 59
44 – 16 = 28	93 – 15 = 78
45 – 17 = 28	37 – 28 = 9
82 – 23 = 59	62 – 33 = 29

CALCUL RAPIDE

21 – 14 =	91 – 67 =
73 – 67 =	73 – 16 =
67 – 59 =	34 – 25 =
46 – 38 =	57 – 39 =
55 – 26 =	26 – 18 =
32 – 17 =	68 – 49 =
80 – 73 =	81 – 74 =
94 – 87 =	90 – 53 =
65 – 36 =	96 – 47 =
40 – 14 =	72 – 58 =

CALCUL RAPIDE APPLIQUÉ

1. Sur son cahier d'essais de 96 pages, François ne dispose plus que de 17 pages vierges.
Quel est le nombre de pages déjà écrites ?

2. Le magazine que Patrick achète régulièrement en est au n° 92. Patrick ne possède que 75 numéros.
Combien de numéros lui manque-t-il pour avoir la collection complète ?

3. Sur les 72 diapositives de ses dernières vacances, Adrien en jette 16 qu'il juge inintéressantes.
Combien de diapositives lui reste-t-il ?

RETRANCHER 19, 29, 39...
(r20 a1) (r30 a1) (r40 a1)

35 – 19 = (35 – 20) + 1 = 15 + 1 = 16

Calcul mental		Calcul rapide	
35 – 19 = 16	94 – 89 = 5	205 – 19 =	634 – 49 =
43 – 39 = 4	33 – 29 = 4	306 – 29 =	757 – 49 =
72 – 59 = 13	151 – 39 = 112	718 – 19 =	918 – 19 =
38 – 29 = 9	160 – 19 = 141	479 – 29 =	140 – 39 =
77 – 69 = 8	182 – 79 = 103	391 – 19 =	339 – 39 =
41 – 29 = 12	126 – 19 = 107	513 – 29 =	522 – 99 =
90 – 89 = 1	158 – 39 = 119	735 – 39 =	705 – 89 =
59 – 39 = 20	137 – 29 = 108	840 – 39 =	611 – 69 =
66 – 49 = 17	149 – 39 = 110	957 – 49 =	496 – 99 =
85 – 79 = 6	195 – 79 = 116	764 – 59 =	583 – 79 =

Calcul rapide appliqué

1. Sur 250 kg de pommes de terre, un maraîcher en a vendu 39 kg.
Calcule la masse de pommes de terre invendue .

2. Donald doit 475 F à l’Oncle Picsou. Il lui rembourse 89 F.
Combien Donald doit-il encore à l’Oncle Picsou ?

3. Une propriété se compose de 278 hectares de terre dont 49 ne sont pas labourables.
Calcule l’aire labourable.

4. Un athlète en plein effort a un rythme cardiaque de 164 pulsations par minute. Après une pause, le rythme a diminué de 59 pulsations à la minute.
Quel est le nouveau rythme cardiaque après le repos ?

5. Un instituteur avait 200 cahiers en début d’année. Il en a distribué 89.
Combien de cahiers lui reste-t-il ?

RETRANCHER 19, 29, 39...*

CALCUL MENTAL		CALCUL RAPIDE	
23 – 19 = 4	25 – 19 = 6	123 – 29 =	164 – 29 =
55 – 39 = 16	33 – 29 = 4	172 – 59 =	485 – 79 =
74 – 49 = 25	64 – 49 = 15	165 – 49 =	272 – 69 =
42 – 19 = 23	52 – 39 = 13	217 – 39 =	363 – 59 =
21 – 19 = 2	30 – 19 = 11	33 – 19 =	484 – 79 =
38 – 29 = 9	48 – 29 = 19	146 – 59 =	355 – 49 =
69 – 49 = 20	89 – 49 = 40	299 – 89 =	500 – 19 =
70 – 39 = 31	98 – 39 = 59	191 – 29 =	408 – 29 =
86 – 39 = 47	77 – 59 = 18	250 – 49 =	346 – 39 =
37 – 29 = 8	26 – 19 = 7	304 – 19 =	499 – 89 =

CALCUL RAPIDE APPLIQUÉ

1. Sur une pellicule photo de 36 poses, 19 sont voilées.
Combien de photos sont réussies ?

2. Pour atteindre le sommet d'un arbre de 27 m de hauteur, un écureuil fait bien des efforts. Il a déjà parcouru 19 m.
Quelle distance lui reste-t-il à parcourir ?

3. Un véhicule avait son réservoir plein de 72 l d'essence. 49 l ont été consommés.
Quelle quantité d'essence reste-t-il dans le réservoir ?

4. Dans une boîte, Michel avait 80 cubes ; il en a égaré 29.
Calcule le nombre de cubes restant.

5. Denis avait un cahier de 96 pages. Pour faire des pliages en papier, il a enlevé 19 pages.
Son cahier ne contient plus que ... pages.

RETRANCHER 18, 28, 38...
(r20 a2) (r30 a2) (r40 a2)

(35 – 19) = (35 – 20) + 2 = 15 – 2 = 17

Calcul mental		Calcul rapide	
25 – 18 = 7	27 – 18 = 9	125 – 18 =	166 – 58 =
57 – 28 = 29	35 – 28 = 7	182 – 58 =	487 – 78 =
76 – 48 = 28	66 – 48 = 18	167 – 58 =	374 – 78 =
44 – 38 = 6	54 – 48 = 6	219 – 18 =	586 – 88 =
23 – 18 = 5	32 – 28 = 4	341 – 38 =	344 – 48 =
40 – 38 = 2	50 – 48 = 2	168 – 48 =	258 – 49 =
78 – 28 = 50	71 – 28 = 43	298 – 88 =	600 – 99 =
70 – 48 = 22	97 – 48 = 49	193 – 78 =	419 – 19 =
87 – 48 = 39	79 – 38 = 41	252 – 68 =	343 – 39 =
38 – 28 = 10	28 – 18 = 10	306 – 18 =	498 – 99 =

Calcul rapide appliqué

1. Un rouleau de papier absorbant a une longueur de 26 m. On en a déjà utilisé 18 m.
Quelle longueur de papier reste-t-il sur le rouleau ?

2. Sur une tour de 72 étages, un laveur de carreaux soupire : «J'ai déjà nettoyé les carreaux de 28 étages.
Il me reste donc encore les carreaux de ... étages à laver !».

3. Un cycliste s'entraîne sur son vélo d'appartement.Sa cadence est de 107 tours à la minute. Au bout d'un certain temps, elle chute de 28 tours/minute.
Calcule sa nouvelle cadence.

4. Une vidéocassette affichée à 139 F est en promotion et est vendue avec 28 F de réduction.
Quel est son nouveau prix ?

5. Un paquet de 50 gâteaux est presque vide ; en effet, Laurent en a mangé 38.
Combien de gâteaux reste-t-il dans le paquet ?

RETRANCHER 18, 28, 38...*

CALCUL MENTAL

37 – 28 = 9	97 – 88 = 9
45 – 38 = 7	36 – 28 = 8
74 – 68 = 6	154 – 48 = 106
40 – 38 = 2	163 – 68 = 95
79 – 18 = 61	185 – 78 = 107
43 – 28 = 15	129 – 28 = 101
92 – 88 = 4	161 – 58 = 103
61 – 58 = 3	139 – 38 = 101
68 – 28 = 40	152 – 48 = 104
87 – 78 = 9	198 – 88 = 110

CALCUL RAPIDE

394 – 18 =	637 – 18 =
208 – 18 =	780 – 98 =
309 – 28 =	921 – 78 =
721 – 18 =	143 – 48 =
482 – 78 =	343 – 38 =
517 – 18 =	525 – 28 =
738 – 28 =	708 – 98 =
843 – 48 =	614 – 18 =
960 – 58 =	499 – 98 =
867 – 68 =	586 – 48 =

CALCUL RAPIDE APPLIQUÉ

1. La saint Benjamin a lieu le 31 mars, soit 18 jours après la saint Rodrigue.
La saint Rodrigue a donc lieu le ...

2. Dans une salle de cinéma de 555 places, 48 sont encore libres.
Combien y a-t-il de spectateurs dans la salle ?

3. Sur 783 candidats se présentant à un examen, 68 ont échoué.
Combien de candidats ont été admis ?

4. Un facteur part en tournée avec 325 lettres à distribuer. Les 68 premières sont destinées à une usine. Combien lui reste-t-il de lettres quand il quitte l'usine ?

RETRANCHER UN NOMBRE ENTIER D'UN NOMBRE DÉCIMAL

57,5 – 13 = (57 – 13) + 0,5 = 44 + 0,5 = 44,5

Calcul mental

26,4 – 20 = 6,4	37,3 – 15 = 22,3
34,6 – 33 = 1,6	44,4 – 41 = 3,4
53,8 – 15 = 38,3	51,7 – 30 = 21,7
42,9 – 25 = 17,9	66,6 – 42 = 24,6
76,4 – 65 = 11,4	48,5 – 34 = 14,5
38,3 – 21 = 17,3	145,2 – 99 = 46,2
54,6 – 34 = 20,6	178,1 – 89 = 89,1
99,7 – 54 = 45,7	164,4 – 120 = 44,4
86,2 – 33 = 53,2	189,9 – 151 = 38,9
35,6 – 19 = 16,6	196,8 – 110 = 86,8

Calcul rapide

100,8 – 50 =	732,2 – 430 =
236,9 – 146 =	847,3 – 500 =
408,6 – 305 =	310,1 – 280 =
714,5 – 300 =	434,9 – 399 =
649,3 – 249 =	555,7 – 250 =
825,2 – 750 =	179,6 – 89 =
656,4 – 225 =	882,8 – 83 =
539,1 – 140 =	978,4 – 649 =
347,8 – 250 =	681,5 – 490 =
184,7 – 110 =	123,9 – 71 =

Calcul rapide appliqué

1. Une source thermale débite 21,7 l par minute. Lors d'une période de sécheresse, elle accuse une baisse de 4 l/min.
Quel est son nouveau débit ?

2. Un avion volant à la vitesse de 730,5 km/h doit réduire sa vitesse de 150 km/h à cause du mauvais temps.
Son allure est alors de ... km/h.

3. Lors d'un marathon, course longue de 42,195 km, un athlète a déjà parcouru 19 km.
Quelle distance lui reste-t-il à courir ?

4. Une console de jeux vidéo est vendue habituellement 995,90 F. Au moment de Noël, son prix baisse de 45 F.
Combien vaut-elle alors ?

5. Le Norway est le plus grand paquebot actuel. Il a une longueur de 315,6 m. Le Queen Elisabeth II mesure 22 m de moins.
Quelle est donc la longueur du Queen Elisabeth II ?

RETRANCHER UN NOMBRE ENTIER D'UN NOMBRE DÉCIMAL*

Calcul mental

17,3 – 6 = 11,3	26,2 – 4 = 22,2
25,5 – 2 = 23,5	35,3 – 5 = 30,3
54,7 – 3 = 51,7	49,6 – 6 = 43,6
43,8 – 2 = 41,8	65,5 – 2 = 63,5
77,3 – 5 = 72,3	46,4 – 1 = 45,4
39,2 – 7 = 32,2	39,2 – 8 = 31,2
53,5 – 2 = 51,5	78,1 – 7 = 71,1
98,6 – 8 = 90,6	99,8 – 6 = 93,8
85,1 – 4 = 81,1	65,7 – 4 = 61,7
34,9 – 1 = 33,9	87,9 – 7 = 80,9

Calcul rapide

99,9 – 8 =	103,9 – 2 =
133,7 – 2 =	408,6 – 8 =
254,1 – 1 =	317,5 – 1=
406,8 – 3 =	219,7 – 3 =
407,6 – 5 =	439,3 – 7 =
474,2 – 2 =	196,2 – 5 =
395,3 – 1 =	374,9 – 3 =
462,4 – 1 =	485,1 – 4 =
218,3 – 7 =	442,6 – 2 =
510,5 – 9 =	261,4 – 1 =

Calcul rapide appliqué

1. Un propriétaire possède un terrain de 23,4 hectares. Il en vend 7 hectares. Quelle surface lui reste-t-il ?

2. Thierry qui possède 17,60 F achète 8 F de bonbons.
Quelle somme lui reste-t-il ?

3. Papa a soutiré 15 l de vin d'un cubitainer contenant 33,3 l.
Calcule la quantité de vin restant.

4. La Tour Eiffel a une hauteur de 320,7 m avec son antenne de 20 m.
Quelle est donc sa hauteur sans l'antenne ?

5. Une voiture roule à 58,5 km/h. À l'entrée d'une agglomération, elle réduit sa vitesse de 9 km/h.
Quelle est sa nouvelle vitesse ?

SOUSTRAIRE 2 NOMBRES DÉCIMAUX

22,4 – 2,2 = 20,2

Calcul mental

24,5 – 1,5 = 23	32,5 – 7,5 = 25
52,3 – 3,3 = 49	55,3 – 10,3 = 45
79,1 – 7,1 = 72	71,7 – 11,7 = 60
18,7 – 4,7 = 14	63,9 – 8,9 = 55
36,5 – 3,5 = 33	86,8 – 26,8 = 60
45,4 – 5,3 = 40,1	97,7 – 6,6 = 91,1
89,2 – 9,1 = 80,1	74,4 – 14,4 = 60
63,8 – 1,8 = 62	28,5 – 2,5 = 26
52,6 – 3,4 = 49,2	44,3 – 0,2 = 44,1
37,9 – 5,9 = 32	39,2 – 1,1 = 38,1

Calcul rapide

128,3 – 25,3 =	145,6 – 50,6 =
142,9 – 22,5 =	366,9 – 5,5 =
259,5 – 19,1 =	479,3 – 39,3 =
367,4 – 17,3 =	487,4 – 47,2 =
435,5 – 32,5 =	352,5 – 11,3 =
272,6 – 170,6 =	294,7 – 14,5 =
393,2 – 100,1 =	123,8 – 20,3 =
486,1 – 50,1 =	317,1 – 18,1 =
364,8 – 14,5 =	408,5 – 2,1 =
258,7 – 40,5 =	331,2 – 29,1 =

Calcul rapide appliqué

1. Marc a 29,50 F. Il achète une voiture miniature à 9,30 F.
Combien lui reste-t-il ?

2. Pour Noël, le foie gras est vendu 562,90 F le kg. On décide de baisser ce prix de 52,50 F.
Quel est le nouveau prix du foie gras ?

3. Maman a un coupon de tissu de 13,70 m de longueur. Elle en utilise 9,50 m.
Calcule la longueur de tissu restante.

4. Un aquarium contient 145,80 l d'eau. Jérôme en enlève 35,5 l pour le nettoyer.
Quelle est la quantité d'eau restant dans l'aquarium ?

SOUSTRAIRE 2 NOMBRES DÉCIMAUX*

CALCUL MENTAL

124,2 – 3,1 = 121,1
247,9 – 46,8 = 201,1
233,7 – 32,5 = 201,2
172,6 – 62,6 = 110
266,3 – 50,3 = 216
352,1 – 62,1 = 290
411,5 – 10,2 = 401,3
328,8 – 24,5 = 304,3
219,9 – 15,4 = 204,5
585,6 – 35,1 = 550,5

235,7 – 100,6 = 135,1
327,8 – 150,8 = 177
279,6 – 89,6 = 190
353,3 – 150,3 = 200
192,2 – 52,1 = 140,1
265,4 – 63,2 = 202,2
583,5 – 93,4 = 490,1
478,9 – 38,6 = 440,3
407,1 – 205,1 = 202
516,9 – 115,5 = 401,4

CALCUL RAPIDE

333,8 – 43,5 =
476,9 – 36,4 =
797,2 – 280,2 =
859,3 – 129,1 =
615,5 – 114,5 =
928,1 – 428,1 =
555,4 – 250,2 =
246,6 – 150,3 =
132,8 – 90,5 =
483,7 – 140,4 =

871,1 – 350,1 =
535,5 – 250,5 =
318,3 – 15,1 =
667,4 – 167,2 =
789,6 – 380,6 =
176,9 – 150,2 =
293,8 – 53,4 =
944,7 – 122,7 =
422,2 – 132,1 =
751,7 – 240,5 =

CALCUL RAPIDE APPLIQUÉ

1. Le tarif des petites annonces était de 52,60 F la ligne. Ce coût est réduit de 7,50 F.
Calcule le nouveau tarif.

2. Une bouteille de champagne valant 174,80 F est vendue avec 24,50 F de réduction.
Quel est son nouveau prix ?

3. Un U.L.M. se trouvait à 182,50 m d'altitude. Il descend de 42,50 m.
Quelle est alors son altitude ?

RETRANCHER UN NOMBRE DÉCIMAL D'UN NOMBRE ENTIER

35 – 4,5 = 35,0 – 4,5 = 30,5

Calcul mental

29 – 4,5 = 24,5	95 – 5,5 = 89,5
41 – 1,2 = 39,8	77 – 3,2 = 73,8
38 – 6,3 = 31,7	62 – 2,7 = 59,3
65 – 4,8 = 60,2	34 – 2,9 = 31
37 – 7,9 = 29,1	53 – 3,8 = 49,2
22 – 1,5 = 20,5	46 – 5,1 = 40,9
54 – 3,4 = 50,6	29 – 8,2 = 20,8
46 – 6,9 = 39,1	78 – 7,4 = 70,6
63 – 3,1 = 59,9	81 – 6,3 = 74,7
70 – 9,7 = 60,3	10 – 9,6 = 0,4

Calcul rapide

123 – 13,2 =	275 – 100,5 =
147 – 27,1 =	207 – 57,2 =
135 – 45,7 =	428 – 48,3 =
146 – 96,9 =	576 – 56,5 =
219 – 18,6 =	422 – 10,1 =
158 – 55,8 =	384 – 50,7 =
122 – 12,3 =	233 – 200,8 =
161 – 51,4 =	165 – 150,4 =
189 – 4,7 =	252 – 32,9 =
194 – 44,5 =	551 – 151,6 =

Calcul rapide appliqué

1. Sur ses 250 F de dettes, Donald a déjà remboursé 35,50 F.
Combien doit-il encore ?

2. Sur les 23 km d'un parcours, un cycliste a déjà effectué 17,4 km.
Quelle distance lui reste-t-il à parcourir ?

3. Un article marqué 120 F subit une baisse de 3,70 F.
Quel est son nouveau prix ?

4. Une souris a mangé 15,8 g d'un fromage pesant 250 g.
Quelle masse de fromage reste-t-il?

RETRANCHER UN NOMBRE DÉCIMAL D'UN NOMBRE ENTIER*

CALCUL RAPIDE

332 – 33,2 =
479 – 10,7 =
598 – 30,3 =
365 – 15,9 =
284 – 4,1 =
433 – 33,4 =
596 – 296,6 =
551 – 45,5 =
317 – 150,2 =
140 – 20,9 =

130 – 80,2 =
622 – 20,4 =
787 – 287,9 =
975 – 175,3 =
836 – 26,5 =
369 – 65,5 =
768 – 130,6 =
973 – 153,7 =
391 – 41,3 =
524 – 224,9 =

352 – 52,9 =
467 – 17,8 =
379 – 50,5 =
512 – 62,7 =
123 – 73,2 =
240 – 140,1 =
251 – 100,3 =
235 – 15,6 =
468 – 15,4 =
376 – 86,9 =

632 – 200,8 =
797 – 297,7 =
978 – 450,2 =
769 – 170,2 =
886 – 85,1 =
814 – 110,9 =
155 – 125,4 =
343 – 93,6 =
790 – 500,5 =
921 – 200,3 =

CALCUL RAPIDE APPLIQUÉ

1. Pour poser une ligne téléphonique souterraine de 345 m de longueur, on creuse une tranchée. Le 1er jour, 145,8 m sont réalisés.
Quelle longueur reste-t-il à creuser le 2e jour ?

2. D'une barrique de 225 l de cidre, on soutire 124,5 l.
Quelle quantité de cidre reste-t-il dans la barrique ?

3. Marine est partie au marché avec 250 F. Elle revient avec 39,95 F.
Combien a-t-elle dépensé ?

SOUSTRAIRE 2 GRANDS NOMBRES

1 274 – 122 = (1 200 – 100) + (70 – 20) + (4 – 2)
= 1 100 + 50 + 2 = 1 152

CALCUL MENTAL

1 200 – 500 = 700
12 900 – 600 = 12 300
7 400 – 3 200 = 4 200
3 500 – 1 000 = 2 500
18 300 – 9 100 = 9 200
27 100 – 9 000 = 18 100
82 700 – 3 700 = 79 000
25 000 – 15 500 = 9 500
100 000 – 55 400 = 44 600
64 800 – 10 800 = 54 000

280 000 – 10 000 = 270 000
780 100 – 40 100 = 740 000
220 300 – 16 300 = 204 000
370 700 – 50 500 = 320 200
530 900 – 800 = 530 100
840 500 – 39 100 = 801 400
760 600 – 30 100 = 730 500
950 300 – 25 150 = 925 150
490 800 – 60 400 = 430 400
610 400 – 8 200 = 602 200

CALCUL RAPIDE

163 000 – 2 250 =
630 000 – 32 500 =
725 000 – 45 300 =
55 000 – 30 700 =
69 000 – 13 130 =
23 200 – 2 140 =
72 000 – 50 180 =
200 000 – 10 900 =
850 000 – 135 200 =
120 000 – 82 800 =

110 500 – 900 =
634 000 – 4 800 =
555 900 – 6 900 =
1 725 000 – 100 000 =
3 500 000 – 250 000 =
2 200 500 – 20 500 =
795 000 – 710 000 =
5 500 000 – 2 300 000 =
4 423 200 – 124 100 =
123 840 – 20 500 =

CALCUL RAPIDE APPLIQUÉ

1. En France, le nombre de pêcheurs est passé de 55 000 en 1950 à 20 000 en 1985. Calcule la baisse du nombre de personnes employées dans ce secteur d'activité.

2. En 1987, le réseau routier français comptait 790 000 km dont 6 500 km d'autoroutes. Calcule la longueur totale du réseau routier sans les autoroutes.

3. La France est le 4e producteur mondial de véhicules automobiles avec 3 320 000 unités, le Japon (1er producteur) en produit 11 470 000.
Calcule la différence de production entre ces deux pays.

SOUSTRAIRE 2 GRANDS NOMBRES*

Calcul rapide

34 500 – 5 000 =
61 400 – 900 =
76 200 – 16 100 =
52 000 – 7 500 =
35 800 – 2 400 =
44 200 – 2 200 =
65 000 – 2 500 =
18 700 – 3 500 =
27 900 – 2 400 =

96 200 – 2 100 =
880 100 – 30 100 =
240 300 – 140 100 =
145 800 – 15 800 =
742 400 – 3 400 =
195 700 – 15 700 =
964 900 – 14 900 =
2 730 500 – 1 500 000 =
5 656 000 – 250 000 =

123 000 – 22 500 =
210 000 – 9 100 =
456 700 – 16 500 =
623 900 – 121 400 =
371 400 – 11 300 =
402 800 – 201 600 =
669 300 – 10 150 =
253 100 – 53 050 =
724 500 – 20 400 =
1 909 600 – 500 200 =

123 100 – 20 000 =
840 700 – 35 500 =
799 500 – 98 200 =
409 400 – 5 200 =
707 900 – 7 500 =
448 300 – 45 150 =
999 800 – 50 500 =
1 720 200 – 500 100 =
3 412 000 – 200 000 =
5 521 600 – 250 100 =

Calcul rapide appliqué

1. La France, en 1984, a produit 19 000 000 de tonnes d'acier contre 23 800 000 de t en 1970.
Calcule la chute de la production d'acier entre 1970 et 1984.

2. La population de la France atteint 56 000 000 d'habitants, celle de l'Espagne 38 500 000 . Calcule la différence de population entre ces deux pays.

3. Paris consomme chaque jour 900 000 000 m^3 d'eau potable. 540 000 m^3 sont fournis par des sources. Le reste est pompé par des stations de filtrage dans la Seine et la Marne.
Quelle quantité d'eau représente le pompage dans la Seine et la Marne ?

SOUSTRACTION : VALEUR APPROCHÉE

On choisira la valeur approchée parmi les 3 résultats proposés

97 – 44 ≈ 50 60 70

Calcul rapide

97 – 43	≈	50	60	70
96 – 55	≈	30	40	50
83 – 22	≈	55	60	65
91 – 74	≈	10	20	30
95 – 28	≈	60	70	80
30 – 23	≈	5	10	15
49 – 27	≈	10	15	20
44 – 12	≈	20	30	40
67 – 46	≈	10	15	20
58 – 39	≈	20	25	30
768 – 89	≈	600	650	680
972 – 93	≈	880	900	930
321 – 31	≈	250	300	350
297 – 65	≈	230	250	270
369 – 56	≈	250	280	310
188 – 42	≈	140	160	180
436 – 38	≈	350	400	450
43,7 – 15	≈	25	30	35
62,9 – 40,2	≈	20	30	40
123,8 – 55,1	≈	50	60	70

Calcul rapide appliqué

1. Un taille-haie coûte 743 F. En fin de saison, il est vendu avec une réduction de 95 F.
Quel est environ son nouveau prix ? 600 F, 650 F, 700 F.

2. Un électricien a besoin de 456 m de câble. Il n'en possède que 74 m.
Combien lui en manque-t-il environ ? 350 m, 400 m, 450 m.

3. Sur un parcours sportif de 947 m, on emprunte un tunnel de 63 m.
Sur quelle distance environ court-on à l'air libre ? 900 m, 950 m, 1000 m.

LA SOUSTRACTION : SYNTHÈSE

CALCUL MENTAL

16 – 7 = 9	46 – 9 = 37
38 – 5 = 33	75 – 40 = 35
49 – 8 = 41	83 – 22 = 61
50 – 30 = 20	97 – 15 = 82
66 – 9 = 57	74 – 12 = 62
85 – 50 = 35	62 – 30 = 32
34 – 8 = 26	50 – 8 = 42
53 – 9 = 44	31 – 7 = 24
72 – 30 = 42	24 – 12 = 12
91 – 9 = 82	72 – 50 = 22

CALCUL RAPIDE

13 – 7 =	180 – 40 =
76 – 5 =	77 – 50 =
37 – 6 =	49 – 14 =
98 – 30 =	210 – 30 =
69 – 14 =	63 – 15 =
84 – 23 =	270 – 80 =
42 – 11 =	48 – 9 =
60 – 9 =	53 – 25 =
35 – 8 =	79 – 13 =
20 – 6 =	86 – 8 =

CALCUL RAPIDE APPLIQUÉ

1. En France, sur 100 habitants, 73 vivent à la ville. Combien vivent à la campagne ?

2. Calcule le nouveau prix de ce sweat-shirt.

3. Patricia dit à Éric : «Je te devais 65 F. Je n'ai que 47 F dans mon porte-monnaie, je te devrai donc encore 28 F.» Éric semble ravi du compte de Patricia.
Pourquoi ?

4. «En 1991, j'ai eu 13 ans» dit Maxime. En quelle année est-il né ?

LA SOUSTRACTION : SYNTHÈSE*

CALCUL MENTAL

35 – 19 = 16	43 – 3,5 = 39,5
27 – 2,5 = 24,5	2 – 0,3 = 1,7
53,2 – 12 = 41,2	750 – 125 = 625
70 – 58 = 12	14,6 – 8,5 = 6,1
66 – 28 = 38	328 – 50 = 278
88,3 – 7 = 81,3	127 – 19 = 108
92,8 – 1,5 = 91,3	265 – 48 = 217
45 – 39 = 6	189 – 38 = 151
76 – 20,5 = 55,5	24,3 – 16 = 8,3
37 – 14 = 23	51 – 9,5 = 41,5

CALCUL RAPIDE

193 – 89 =	266 – 5,4 =
26 – 6,4 =	790 – 540 =
362 – 58 =	33,3 – 7 =
538 – 24 =	410 – 280 =
5,4 – 3,5 =	42 – 1,7 =
223 – 46 =	798 – 40,5 =
560 – 270 =	52,2 – 0,3 =
7,2 – 3 =	436 – 155 =
318 – 49 =	650 – 480 =
47 – 3,6 =	114 – 79 =

CALCUL RAPIDE APPLIQUÉ

1. Une citerne contenait 172 l d'eau. On en a retiré 6 seaux d'une contenance de 8 l chacun.
Quelle quantité d'eau reste-t-il dans la citerne ?

2. L'abonnement d'un an à un magazine est proposé au prix de 950 F.
Le prix de revient au numéro pour un an étant de 1 456 F, quelle est l'économie réalisée avec l'abonnement ?

3. Calcule le montant de la réduction .

4. Une cordée d'alpinistes est en route pour le sommet du Mont-Blanc (4 807 m). Les alpinistes font une pause et le guide sort son altimètre. Celui-ci indique 4 410 m.
Que peux-tu calculer ?

MULTIPLIER PAR 2, 3, 4, 5 UN NOMBRE À 1 CHIFFRE

Calcul mental

0 x 2 = 0
3 x 4 = 12
1 x 3 = 3
7 x 5 = 35
8 x 2 = 16
2 x 3 = 6
5 x 4 = 20
9 x 2 = 18
4 x 4 = 16
6 x 4 = 24

2 x 2 = 4
1 x 2 = 2
9 x 5 = 45
7 x 4 = 28
8 x 4 = 32
4 x 5 = 20
9 x 3 = 27
6 x 3 = 18
5 x 2 = 10
3 x 3 = 9

Calcul mental

5 x 5 = 25
9 x 4 = 36
7 x 4 = 28
6 x 5 = 30
8 x 3 = 24
4 x 2 = 8
6 x 2 = 12
7 x 3 = 21
1 x 5 = 5
9 x 3 = 27

3 x 5 = 15
8 x 5 = 40
1 x 4 = 4
8 x 3 = 24
3 x 5 = 15
0 x 4 = 0
2 x 4 = 8
2 x 5 = 10
3 x 2 = 6
4 x 5 = 20

Calcul rapide appliqué

1. Maman a acheté 2 boîtes de 6 œufs chacune.
Combien cela fait-il d'œufs ?

2. Pour faire la vidange de sa voiture,
papa achète 2 bidons de 5 l d'huile.
Quelle quantité d'huile a-t-il achetée ?

3. Une boîte de fromage contient 6 portions.
Combien de portions contiennent 2 boîtes ?

4. Un ouvrier travaille 8 heures par jour.
En 2 jours, il a donc travaillé ... heures.

5. Un pâtissier a besoin de 5 fraises pour faire une tartelette.
Combien de fraises lui faudra-t-il pour 2 tartelettes ?

MULTIPLIER PAR 2, 3... 9 UN NOMBRE À 1 CHIFFRE

CALCUL MENTAL

à l'oral

2 x 3 = 6	6 x 4 = 24
3 x 4 = 12	8 x 3 = 24
4 x 2 = 8	7 x 7 = 49
1 x 7 = 7	5 x 8 = 40
4 x 3 = 12	3 x 9 = 27
6 x 5 = 30	2 x 8 = 16
3 x 6 = 18	4 x 7 = 28
7 x 5 = 35	7 x 9 = 63
7 x 6 = 42	8 x 6 = 48
5 x 7 = 35	9 x 4 = 36

CALCUL MENTAL

7 x 6 = 42	5 x 8 = 40
3 x 7 = 21	2 x 7 = 14
6 x 7 = 42	7 x 3 = 21
5 x 9 = 45	9 x 6 = 54
1 x 4 = 4	8 x 4 = 32
7 x 8 = 56	6 x 6 = 36
0 x 7 = 0	5 x 4 = 20
6 x 9 = 54	4 x 7 = 28
4 x 8 = 32	4 x 9 = 36
8 x 6 = 48	2 x 8 = 16

CALCUL RAPIDE APPLIQUÉ

1. Dans un paquet de gâteaux, on compte 3 rangées de 6 biscuits chacune.
Il y a 24 gâteaux dans la boîte.
VRAI ou FAUX ?

2. Pour réaliser un collier, Roseline a utilisé des perles de 9 couleurs différentes à raison de 6 perles par couleur.
De combien de perles son collier est-il composé ?

3. Pour un tournoi de football à 7, 8 équipes sont engagées.
Quel sera, au minimum, le nombre de joueurs à prendre part au tournoi ?

MULTIPLIER PAR 2 UN NOMBRE À 2 CHIFFRES

CALCUL MENTAL

27 x 2 = 54	13 x 2 = 26
32 x 2 = 64	17 x 2 = 34
45 x 2 = 90	29 x 2 = 58
12 x 2 = 24	30 x 2 = 60
15 x 2 = 30	49 x 2 = 98
40 x 2 = 80	50 x 2 = 100
39 x 2 = 78	11 x 2 = 22
28 x 2 = 56	16 x 2 = 32
37 x 2 = 74	22 x 2 = 44
48 x 2 = 96	33 x 2 = 66

CALCUL RAPIDE

58 x 2 =	52 x 2 =
63 x 2 =	57 x 2 =
55 x 2 =	69 x 2 =
68 x 2 =	80 x 2 =
42 x 2 =	72 x 2 =
70 x 2 =	44 x 2 =
85 x 2 =	65 x 2 =
63 x 2 =	90 x 2 =
71 x 2 =	99 x 2 =
92 x 2 =	82 x 2 =

CALCUL RAPIDE APPLIQUÉ

1. Au restaurant, un menu est affiché à 85 F, service compris.
À combien le repas reviendra-t-il pour un couple ?

2. Sophie a bien travaillé à l'école.
Ses parents lui achètent 2 albums
de Tintin à 37 F l'un.
Quelle somme dépensent-ils?

3. Un mètre cube de neige fraîche pèse 85 kg
(environ).
Quelle est la masse de 2 m³ ?

4. Dans un immeuble, il y a 18 marches
à gravir entre chaque étage.
Jean-Claude habite au second.
Combien de marches
doit-il monter pour
rentrer chez lui ?

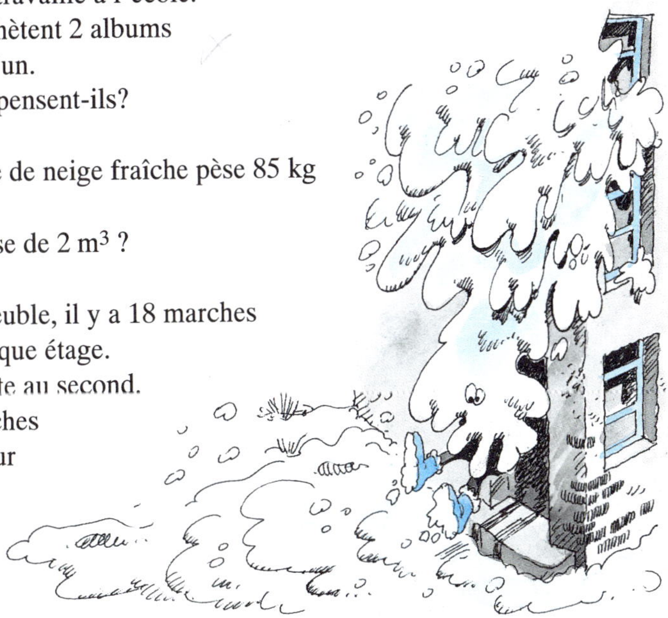

MULTIPLIER PAR 2 UN NOMBRE À 2 CHIFFRES*

Calcul mental

31 x 2 = 62	14 x 2 = 28
34 x 2 = 68	19 x 2 = 38
46 x 2 = 92	47 x 2 = 94
14 x 2 = 28	35 x 2 = 70
41 x 2 = 82	18 x 2 = 36
36 x 2 = 72	21 x 2 = 42
24 x 2 = 48	48 x 2 = 96
42 x 2 = 84	38 x 2 = 76
23 x 2 = 46	53 x 2 = 106
26 x 2 = 52	61 x 2 = 122

Calcul rapide

71 x 2 =	92 x 2 =
53 x 2 =	75 x 2 =
77 x 2 =	60 x 2 =
88 x 2 =	80 x 2 =
79 x 2 =	88 x 2 =
81 x 2 =	95 x 2 =
93 x 2 =	76 x 2 =
74 x 2 =	83 x 2 =
84 x 2 =	78 x 2 =
97 x 2 =	67 x 2 =

Calcul rapide appliqué

1. Une boîte de médicaments contient 48 gélules.
Calcule la quantité de médicaments dans 2 boîtes.

2. Sylvie a 92 F dans son porte-monnaie.
Claudine en possède le double. De combien dispose cette dernière ?

3. Si un bus peut transporter jusqu'à 58 passagers, 2 bus pourront véhiculer ... passagers.

4. Un escargot a mis 45 min pour manger une feuille de salade.
Combien de temps mettrait-il pour manger deux feuilles semblables ?

MULTIPLIER PAR 5 UN NOMBRE À 2 CHIFFRES (m10 d 2)

43 x 5 = (43 x 10) : 2 = 430 : 2 = 215

Calcul mental		Calcul rapide	
12 x 5 = 60	11 x 5 = 55	48 x 5 =	46 x 5 =
20 x 5 = 100	25 x 5 = 125	57 x 5 =	59 x 5 =
33 x 5 = 165	32 x 5 = 160	63 x 5 =	64 x 5 =
41 x 5 = 205	47 x 5 = 235	19 x 5 =	74 x 5 =
52 x 5 = 260	23 x 5 = 115	38 x 5 =	89 x 5 =
63 x 5 = 315	31 x 5 = 155	49 x 5 =	94 x 5 =
24 x 5 = 120	54 x 5 = 270	64 x 5 =	83 x 5 =
15 x 5 = 75	16 x 5 = 80	73 x 5 =	96 x 5 =
17 x 5 = 85	28 x 5 = 140	29 x 5 =	68 x 5 =
26 x 5 = 130	37 x 5 = 185	57 x 5 =	77 x 5 =

Calcul rapide appliqué

1. Dans une salle de conférences, on a placé 18 rangées de 5 fauteuils. Quel est le nombre de places disponibles ?

2. Au cours d'une épreuve de course à pied en relais, l'équipe gagnante a effectué 27 tours d'un circuit de 5 km.
Quelle distance totale a-t-elle parcourue ?

3. Alain dit à sa soeur : «Je possède 64 F dans ma tirelire, soit 5 fois moins que toi.»
De quelle somme sa soeur dispose-t-elle ?

MULTIPLIER PAR 2, 3, 4...8 UN NOMBRE À 2 CHIFFRES

CALCUL MENTAL

12 x 2 = 24	41 x 8 = 328
14 x 3 = 42	53 x 4 = 212
15 x 5 = 75	24 x 7 = 168
16 x 6 = 96	66 x 6 = 396
21 x 7 = 147	72 x 7 = 504
23 x 5 = 115	17 x 2 = 34
17 x 6 = 102	31 x 8 = 248
24 x 4 = 96	25 x 5 = 125
35 x 7 = 245	43 x 7 = 301
13 x 8 = 104	61 x 3 = 183

CALCUL RAPIDE

76 x 2 =	84 x 7 =
47 x 3 =	55 x 8 =
28 x 5 =	69 x 3 =
94 x 7 =	77 x 9 =
35 x 6 =	38 x 7 =
62 x 8 =	96 x 7 =
59 x 6 =	87 x 8 =
37 x 9 =	79 x 5 =
73 x 6 =	66 x 6 =
86 x 4 =	85 x 7 =

CALCUL RAPIDE APPLIQUÉ

1. 4 amis se rendent au cinéma. Le prix d'entrée est de 43 F.
Combien paieront-ils pour eux quatre ?

2. Maman transporte un carton comportant 6 bouteilles d'eau d'une contenance de 15 dl chacune.
Quelle quantité d'eau transporte-t-elle ?

3. Dans un ascenseur comportant le panneau suivant : «Charge maximum : 450 kg», 7 personnes d'un poids moyen de 65 kg pourront-elles prendre place ensemble ?

MULTIPLIER PAR 2, 3, 4...8 UN NOMBRE À 2 CHIFFRES*

Calcul mental

24 x 4 = 96	34 x 4 = 136
33 x 4 = 132	61 x 7 = 427
12 x 3 = 36	43 x 6 = 258
41 x 2 = 82	54 x 2 = 108
54 x 3 = 162	22 x 4 = 88
35 x 4 = 140	18 x 2 = 36
43 x 3 = 129	21 x 8 = 168
52 x 2 = 104	37 x 3 = 111
24 x 5 = 120	43 x 4 = 172
17 x 4 = 68	52 x 5 = 260

Calcul rapide

73 x 7 =	85 x 6 =
87 x 8 =	68 x 7 =
68 x 4 =	42 x 4 =
46 x 6 =	37 x 8 =
34 x 8 =	95 x 7 =
55 x 3 =	23 x 8 =
77 x 5 =	76 x 7 =
79 x 6 =	88 x 4 =
98 x 7 =	94 x 8 =
83 x 8 =	69 x 3 =

Calcul rapide appliqué

1. Un bibliothécaire commande 9 livres valant 47 F l'un.
Calcule le montant de la dépense.

2. À l'arrivée d'une course à pied, on remet à chacun des 8 premiers un lot d'une valeur de 68 F.
Quelle est la valeur totale des lots distribués ?

3. Agnès affirme : «J'ai acheté 2 tee-shirts à 46 F l'un, mais il me reste encore 4 fois autant que ce que j'ai dépensé.»
Quelle somme Agnès possède-t-elle encore ?

MULTIPLIER UN NOMBRE PAR 9, 11

23 x 9 = (23 x 10) – 23 = 230 – 23 = 207

Calcul mental

12 x 9 = 108	14 x 11 = 154
37 x 9 = 333	22 x 11 = 242
23 x 9 = 207	44 x 11 = 484
26 x 9 = 234	33 x 11 = 363
51 x 9 = 459	77 x 11 = 847
43 x 9 = 387	18 x 11 = 198
76 x 9 = 684	66 x 11 = 726
14 x 9 = 126	51 x 11 = 561
38 x 9 = 342	75 x 11 = 825
85 x 9 = 765	99 x 11 = 1 089

Calcul rapide

110 x 9 =	134 x 11 =
227 x 9 =	233 x 11 =
172 x 9 =	522 x 11 =
334 x 9 =	375 x 11 =
546 x 9 =	451 x 11 =
105 x 9 =	420 x 11 =
583 x 9 =	308 x 11 =
458 x 9 =	219 x 11 =
339 x 9 =	246 x 11 =
211 x 9 =	157 x 11 =

Calcul rapide appliqué

1. En France, la densité de population est de 99 habitants au km^2, ce qui représente, pour 11 km^2, ... habitants.

2. Il faut 9 jonques chinoises de 35 m de long mises l'une derrière l'autre pour atteindre la longueur totale du plus grand paquebot du monde, le Norway.
Quelle est donc la longueur du Norway ?

MULTIPLIER UN NOMBRE PAR 9, 11*

23 x 11 = (23 x 10) + 23 = 230 + 23 = 253

CALCUL MENTAL

35 x 9 = 315	16 x 11 = 176
21 x 9 = 189	25 x 11 = 275
27 x 9 = 243	52 x 11 = 572
36 x 9 = 324	35 x 11 = 385
54 x 9 = 486	79 x 11 = 869
40 x 9 = 360	20 x 11 = 220
32 x 9 = 288	69 x 11 = 759
78 x 9 = 702	78 x 11 = 858
69 x 9 = 621	83 x 11 = 913
97 x 9 = 873	94 x 11 = 1 034

CALCUL RAPIDE

402 x 9 =	527 x 11 =
621 x 9 =	678 x 11 =
545 x 9 =	892 x 11 =
833 x 9 =	553 x 11 =
984 x 9 =	940 x 11 =
896 x 9 =	689 x 11 =
767 x 9 =	864 x 11 =
670 x 9 =	636 x 11 =
559 x 9 =	615 x 11 =
718 x 9 =	721 x 11 =

CALCUL RAPIDE APPLIQUÉ

1. À Strasbourg, au mois de juillet, il a plu 9 jours à raison de 12 mm d'eau par jour.
Calcule la quantité d'eau tombée à Strasbourg au cours de ce mois.

2. Le moteur de la Porsche 911 Turbo développe une puissance 11 fois supérieure à celui de la 2 CV Citroën qui n'atteint que 32 modestes chevaux.
Calcule la puissance, en chevaux , de la Porsche 911 Turbo.

3. Pour aller chez ma tante, il y a 43 km , soit 9 fois moins que pour me rendre chez ma grand-mère ?
Calcule la distance qu'il me faut parcourir pour me rendre chez ma grand-mère.

MULTIPLIER PAR 12, 15

13 x 12 = (13 x 10) + (13 x 2) = 130 + 26 = 156

13 x 15 = (13 x 10) + (13 x 5) = 130 + 65 = 195

ou (13 x 10) + [(13 x 10) : 2] = 130 + 65 = 195

Calcul mental

7 x 12 = 84	8 x 15 = 120
8 x 12 = 96	9 x 12 = 108
2 x 15 = 30	6 x 15 = 90
3 x 15 = 45	3 x 12 = 36
6 x 12 = 72	2 x 12 = 24
9 x 15 = 135	4 x 15 = 60
5 x 15 = 75	7 x 15 = 105
4 x 12 = 48	5 x 12 = 60
1 x 15 = 15	11 x 12 = 132
0 x 12 = 0	13 x 15 = 195

Calcul rapide

13 x 12 =	14 x 12 =
15 x 15 =	19 x 15 =
22 x 12 =	23 x 12 =
37 x 15 =	38 x 15 =
45 x 12 =	46 x 15 =
56 x 12 =	54 x 12 =
62 x 12 =	20 x 15 =
18 x 15 =	16 x 12 =
24 x 15 =	22 x 15 =
12 x 12 =	60 x 12 =

Calcul rapide appliqué

1. Un professeur passe environ 12 minutes pour corriger un devoir. Combien de temps lui faudra-t-il pour en corriger 15 ?

2. Maman achète 4 douzaines d'œufs. Combien cela fait-il d'œufs en tout ?

3. On achète 12 boîtes de 25 cartouches pour stylo-plume.
Quel est le nombre total de cartouches ?

4. Autrefois, un sabotier pouvait fabriquer 3 paires de sabots par jour.
Quelle était sa production en 15 jours ?

MULTIPLIER PAR 12, 15*

Calcul mental

10 x 12 = 120	18 x 12 = 216
14 x 15 = 210	25 x 12 = 300
16 x 12 = 192	32 x 15 = 480
15 x 12 = 180	26 x 15 = 390
22 x 15 = 330	17 x 15 = 255
10 x 15 = 150	26 x 12 = 312
11 x 15 = 165	21 x 15 = 315
24 x 12 = 288	30 x 12 = 360
35 x 12 = 420	32 x 12 = 384
16 x 15 = 240	28 x 15 = 420

Calcul rapide

21 x 12 =	35 x 15 =
25 x 15 =	72 x 15 =
28 x 12 =	80 x 12 =
52 x 15 =	75 x 12 =
54 x 12 =	65 x 15 =
42 x 12 =	39 x 12 =
47 x 15 =	57 x 15 =
58 x 12 =	81 x 15 =
53 x 12 =	98 x 12 =
41 x 15 =	83 x 15 =

Calcul rapide appliqué

1. Lors d'une inondation, le niveau de l'eau monte en moyenne de 14 cm jour.
À la fin du 12e jour, le niveau d'eau aura augmenté de ... cm.

2. La Terre parcourt 30 km à la seconde.
Calcule la distance parcourue en 15 secondes.

3. Le coeur de Pierre bat, au repos, à la vitesse de 65 pulsations à la minute.
Quel est le nombre de pulsations en 15 minutes ?

4. Une perceuse sans fil coûte 795 F. Un commerçant en commande 12.
Combien paie-t-il ?

MULTIPLIER PAR 10, 100, 1 000

13 x 10 = 130
13 x 100 = 1300
13 x 1 000 = 13 000

Calcul mental

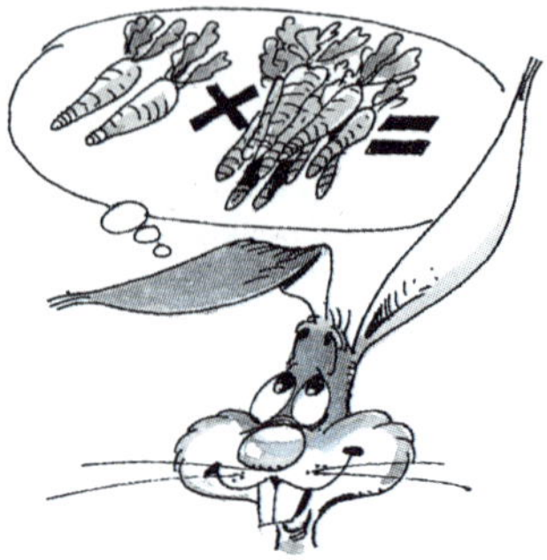

7 x 10 = 70
3 x 100 = 300
12 x 1 000 = 12 000
24 x 10 = 240
40 x 100 = 4 000
61 x 100 = 6 100
84 x 10 = 840
124 x 10 = 1 240
91 x 100 = 9 100
62 x 1000 = 62 000

81 x 10 = 810
40 x 100 = 4 000
643 x 100 = 64 300
32 x 100 = 3 200
96 x 1 000 = 96 000
7 804 x 10 = 78 040
52 x 100 = 5 200
131 x 1 000 = 131 000
24 x 100 = 2 400
420 x 100 = 42 000

Calcul rapide

210 x 10 =
766 x 100 =
642 x 1 000 =
433 x 10 =
397 x 1 000 =
121 x 10 =
574 x 1 000 =
8 878 x 10 =
9 600 x 100 =
749 x 100 =

67 x 100 =
703 x 10 =
4 800 x 100 =
547 x 1 000 =
1 006 x 10 =
78 x 1 000 =
710 x 10 =
6 400 x 100 =
7 080 x 10 =
200 x 1 000 =

Calcul rapide appliqué

1. Pour un grand repas, on achète 10 bouteilles de vin valant 38 F l'une.
Quelle est la dépense totale pour l'achat du vin ?

2. 100 personnes assistent à un spectacle. Elles ont acheté chacune un billet au prix de 25 F.
Quelle est la recette réalisée ?

3. Pour une épreuve de marathon, les organisateurs prévoient d'offrir un tee-shirt à chaque arrivant. Pour cela, ils achètent 1 000 tee-shirts à 17 F l'un. Ils ont ainsi dépensé 1 700 F.
VRAI ou FAUX ?

MULTIPLIER PAR 10, 100, 1 000*

CALCUL MENTAL

84 x 10 = 840
9,6 x 10 = 96
30 x 100 = 3 000
73 x 1000 = 73 000
5,9 x 100 = 590
4,24 x 10 = 42,4
17 x 10 = 170
3,1 x 100 = 310
76 x 100 = 7 600
8,5 x 100 = 850

91,2 x 10 = 912
3,7 x 100 = 370
6,34 x 1 000 = 6 340
8,61 x 10 = 86,1
140 x 100 = 14 000
2,5 x 10 = 25
4,02 x 1 000 = 4 020
72 x 100 = 7 200
87 x 10 = 870
90,1 x 10 = 901

CALCUL RAPIDE

4,10 x 100 =
80 x 1 000 =
57,2 x 10 =
7,21 x 10 =
1,93 x 1 000 =
33,4 x 100 =
2,65 x 10 =
68 x 1 000 =
8,413 x 10 =
41,3 x 100 =

0,24 x 10 =
3,16 x 100 =
23,4 x 1 000 =
67,2 x 100 =
0,99 x 10 =
4,37 x 10 =
11,2 x 100 =
0,886 x 1 000 =
3,34 x 10 =
7,102 x 100 =

CALCUL RAPIDE APPLIQUÉ

1. Maria achète 10 croissants à 4,20 F pièce.
Combien dépense-t-elle ?

2. Une boulangère achète une boîte de 100 chewing-gums au prix de 0,35 F l'un.
À combien lui revient cette boîte ?

3. Pour Noël, un responsable de grand magasin commande 1 000 pères Noël en chocolat à 7,35 F pièce.
Quel sera le montant total de la facture ?

4. Sur un camion, on charge 10 caisses pesant chacune 175 kg.
Quelle est, en t, la masse totale du chargement ?

MULTIPLIER PAR 20, 200, 2000

13 x 20 = 260
13 x 200 = 2 600
13 x 2 000 = 26 000

Calcul mental

12 x 20 = 240
12 x 200 = 2 400
15 x 20 = 3 000
25 x 200 = 5 000
22 x 2 000 = 44 000
40 x 2 000 = 80 000
47 x 20 = 940
31 x 2 000 = 62 000
33 x 200 = 6 600
38 x 200 = 7 600

32 x 20 = 640
57 x 200 = 11 400
28 x 2 000 = 56 000
39 x 20 = 780
43 x 200 = 8 600
51 x 2 000 = 102 000
35 x 2 000 = 70 000
44 x 200 = 8 800
26 x 20 = 520
30 x 20 = 600

Calcul rapide

150 x 20 =
145 x 20 =
122 x 200 =
133 x 2 000 =
500 x 20 =
92 x 20 =
101 x 2 000 =
124 x 200 =
231 x 200 =
125 x 20 =

130 x 20 =
324 x 200 =
242 x 2 000 =
333 x 20 =
421 x 200 =
313 x 20 =
212 x 20 =
314 x 200 =
241 x 2 000 =
600 x 2 000 =

Calcul rapide appliqué

1. Calcule la quantité de vin que contiennent 20 bouteilles, puis 200 bouteilles de 75 cl.

2. Un garagiste achète 12 pneus à 200 F pièce.
Combien paie-t-il ?

3. Un soldat de plomb pèse 75 g.
Calcule le poids de 200 soldats, puis de 2 000 soldats identiques.

4. Un maraîcher vend 20 cageots de légumes à 43 F l'un.
Cette vente lui rapporte ... F.

MULTIPLIER PAR 20, 200, 2 000*

CALCUL MENTAL

11 x 20 = 220
16 x 20 = 320
25 x 2 000 = 50 000
75 x 200 = 15 000
50 x 20 = 1 000
52 x 20 = 1 040
70 x 2 000 = 140 000
83 x 200 = 16 600
81 x 200 = 16 200
95 x 200 = 19 000

21 x 2 000 = 42 000
65 x 200 = 13 000
80 x 200 = 16 000
82 x 20 = 1 640
90 x 2 000 = 180 000
104 x 20 = 2 080
110 x 20 = 2 200
34 x 200 = 6 800
42 x 2 000 = 84 000
53 x 200 = 10 600

CALCUL RAPIDE

518 x 20 =
329 x 200 =
416 x 2 000 =
322 x 2 000 =
305 x 20 =
544 x 200 =
267 x 200 =
363 x 2 000 =
191 x 20 =
800 x 20 =

417 x 2 000 =
258 x 2 000 =
299 x 200 =
304 x 20 =
583 x 20 =
172 x 20 =
120 x 200 =
811 x 200 =
405 x 2 000 =
216 x 20 =

CALCUL RAPIDE APPLIQUÉ

1. Un circuit automobile mesure 13 km de long.
Quelle distance parcourent les voitures en faisant 20 tours ?

2. Une encyclopédie est composée de 20 volumes de 273 pages chacun.
Calcule le nombre total de pages.

3. Un éléphant mange environ 155 kg de végétaux par jour.
Calcule la consommation moyenne quotidienne d'un troupeau de 200 éléphants.

MULTIPLIER PAR 25, 250
(m 100 d4) (m 1 000 d4)

32 x 25 = (32 x 100) : 4 = 3 200 : 4 = 800
32 x 250 = (32 x 1 000) : 4 = 32 000 : 4 = 8 000

CALCUL MENTAL

3 x 25 = 75	7 x 250 = 1 750
5 x 25 = 125	9 x 250 = 2 250
4 x 25 = 100	18 x 250 = 4 500
6 x 25 = 150	26 x 25 = 650
8 x 25 = 200	16 x 250 = 4 000
12 x 25 = 300	28 x 250 = 7 000
16 x 25 = 400	44 x 250 = 11 000
20 x 25 = 500	60 x 25 = 1 500
18 x 25 = 450	14 x 250 = 3 500
30 x 25 = 750	86 x 25 = 2 150

CALCUL RAPIDE

120 x 25 =	39 x 25 =
188 x 25 =	58 x 250 =
140 x 250 =	61 x 25 =
186 x 25 =	74 x 250 =
240 x 250 =	82 x 25 =
300 x 25 =	604 x 25 =
180 x 250 =	408 x 25 =
164 x 25 =	124 x 250 =
150 x 250 =	132 x 25 =
470 x 25 =	260 x 250 =

CALCUL RAPIDE APPLIQUÉ

1. Une classe vient de recevoir les 25 livres de lecture qu'elle avait commandés.
Chaque livre valant 40 F, calcule la valeur totale de cette commande.

2. Pour un spectacle dans la salle des fêtes du village, on a vendu 250 billets à 24 F.
Calcule combien a rapporté la vente de ces billets.

3. Dans une camionnette, on a chargé 26 colis pesant chacun 25 kg.
Quelle est, en kg, la masse de ce chargement ?

MULTIPLIER PAR 99, 101

45 x 99 = (45 x 100) – 45 = 4 500 – 45 = 4 455
45 x 101 = (45 x 100) + 45 = 4 500 + 45 = 4 545

CALCUL MENTAL

2 x 99 = 198	2 x 101 = 202
7 x 99 = 693	8 x 101 = 808
9 x 99 = 891	6 x 101 = 606
6 x 99 = 594	4 x 101 = 404
5 x 99 = 495	3 x 101 = 303
3 x 99 = 297	1 x 101 = 101
4 x 99 = 396	9 x 101 = 909
1 x 99 = 99	7 x 101 = 707
8 x 99 = 792	5 x 101 = 505
12 x 99 = 1 188	12 x 101 = 1 212

CALCUL RAPIDE

14 x 99 =	25 x 101 =
35 x 99 =	34 x 101 =
48 x 99 =	15 x 101 =
66 x 99 =	26 x 101 =
77 x 99 =	52 x 101 =
88 x 99 =	79 x 101 =
39 x 99 =	83 x 101 =
29 x 99 =	28 x 101 =
28 x 99 =	52 x 101 =
46 x 99 =	67 x 101 =

CALCUL RAPIDE APPLIQUÉ

1. Dans un laboratoire, le tirage d'une photo revient à 3 F. Combien paiera Quentin pour le tirage de 99 photos ?

2. Lors d'une tombola, 101 billets à 12 F pièce sont vendus.
À combien s'élève la recette ?

3. Un gratte-ciel est composé de 99 étages, comportant 18 appartements par étage. Calcule le nombre d'appartements dans cet immeuble.

MULTIPLIER PAR 99, 101*

CALCUL MENTAL

15 x 99 = 1 485	27 x 101 = 2 727
34 x 99 = 3 366	36 x 101 = 3 636
49 x 99 = 4 851	17 x 101 = 1 717
67 x 99 = 6 633	28 x 101 = 2 828
89 x 99 = 8 811	54 x 101 = 5 454
78 x 99 = 7 722	80 x 101 = 8 080
24 x 99 = 2 376	84 x 101 = 8 484
25 x 99 = 2 475	31 x 101 = 3 131
36 x 99 = 3 564	59 x 101 = 5 959
56 x 99 = 5 544	62 x 101 = 6 262

CALCUL RAPIDE

16 x 99 =	29 x 101 =
36 x 99 =	35 x 101 =
50 x 99 =	16 x 101 =
68 x 99 =	20 x 101 =
79 x 99 =	55 x 101 =
23 x 99 =	61 x 101 =
37 x 99 =	87 x 101 =
26 x 99 =	72 x 101 =
45 x 99 =	98 x 101 =
99 x 99 =	47 x 101 =

CALCUL RAPIDE APPLIQUÉ

1. Un magasin d'articles de sport a vendu 17 cuissards à 99 F l'un.
Quelle somme a rapportée cette vente ?

2. Un camion transporte 99 caisses de 35 kg chacune.
Calcule la masse ainsi transportée.

3. Sachant qu'un œuf pèse, en moyenne, 65 g, calcule la masse de 101 œufs.

4. Calcule le prix de 25 bouteilles de champagne à 99 F l'une.

MULTIPLIER PAR 30, 300, 40, 400...

15 x 30 = 450
15 x 300 = 4 500

CALCUL MENTAL

3 x 30 = 90	2 x 40 = 80
7 x 60 = 420	7 x 600 = 4 200
8 x 40 = 320	9 x 80 = 720
6 x 30 = 180	8 x 700 = 5 600
4 x 80 = 320	6 x 500 = 3 000
5 x 500 = 2 500	5 x 700 = 3 500
9 x 90 = 810	7 x 300 = 2 100
7 x 700 = 4 900	9 x 800 = 7 200
8 x 30 = 240	8 x 600 = 4 800
6 x 600 = 3 600	3 x 400 = 1 200

CALCUL RAPIDE

21 x 30 =	73 x 40 =
42 x 30 =	96 x 30 =
73 x 40 =	84 x 600 =
31 x 30 =	65 x 8 000 =
53 x 300 =	42 x 500 =
62 x 300 =	59 x 30 =
51 x 400 =	77 x 900 =
44 x 50 =	96 x 70 =
12 x 600 =	88 x 6 000 =
73 x 70 =	79 x 80 =

CALCUL RAPIDE APPLIQUÉ

1. Un chanteur a effectué une tournée de 8 concerts qui ont réuni, à chaque fois, une moyenne de 3 000 personnes.
Combien de personnes ont assisté à ses spectacles ?

2. Pour un rallye en zone désertique, le camion de ravitaillement en eau transporte 40 jerrycans de 30 litres chacun.
Quelle est la quantité d'eau transportée ?

3. 12 personnes qui avaient joué ensemble au loto se répartissent la somme gagnée. Chacun reçoit 800 F.
Quelle somme ont-ils gagnée ?

MULTIPLIER PAR 30, 300, 40, 400...*

CALCUL MENTAL

7 x 6 000 = 42 000
9 x 50 = 450
4 x 700 = 2 800
8 x 3 000 = 24 000
6 x 90 = 540
5 x 8 000 = 40 000
1,3 x 30 = 39
3 x 500 = 1 500
0,5 x 30 = 15
6 x 300 = 1 800

60 x 400 = 24 000
80 x 900 = 72 000
4 x 7000 = 28 000
0,1 x 500 = 50
90 x 40 = 3 600
20 x 8 000 = 160 000
1,2 x 30 = 36
60 x 300 = 18 000
3,5 x 400 = 1 400
20 x 3 000 = 60 000

CALCUL RAPIDE

43 x 30 =
86 x 700 =
79 x 30 =
0,61 x 8 000 =
5,4 x 50 =
7,1 x 300 =
920 x 60 =
84 x 4 000 =
680 x 70 =
31 x 700 =

62 x 70 =
370 x 600 =
800 x 300 =
7,6 x 40 =
0,44 x 300 =
900 x 50 =
290 x 30 =
62,3 x 600 =
460 x 700 =
80 x 9 000 =

CALCUL RAPIDE APPLIQUÉ

1. Vincent a effectué 15 tours d'une piste longue de 400 m.
Calcule en m, puis en km, la distance qu'il a ainsi parcourue.

2. Une école a reçu un colis de 30 livres pesant chacun 0,65 kg.
Quelle était la masse nette du colis ?

3. Un comptable prépare des primes de fin d'année pour une entreprise : 8 primes de 3 000 F et 6 primes de 2 000 F.
Quel sera le montant total des primes distribuées ?

MULTIPLIER 2 NOMBRES ENTIERS À 2 CHIFFRES

18 x 29 = (18 x 30) – 18 = 540 – 18 = 522
53 x 61 = (53 x 60) + 53 = 3 180 + 53 = 3 233

CALCUL RAPIDE

12 x 12 =	25 x 29 =
15 x 22 =	33 x 28 =
15 x 18 =	27 x 39 =
18 x 22 =	14 x 19 =
34 x 31 =	27 x 31 =
35 x 52 =	84 x 42 =
25 x 41 =	55 x 51 =
35 x 12 =	95 x 62 =
34 x 39 =	44 x 99 =
14 x 19 =	78 x 81 =

CALCUL RAPIDE

24 x 29 =	65 x 72 =
36 x 99 =	23 x 52 =
58 x 32 =	16 x 18 =
46 x 19 =	55 x 61 =
27 x 33 =	57 x 68 =
25 x 41 =	64 x 19 =
16 x 21 =	63 x 62 =
66 x 71 =	85 x 31 =
54 x 68 =	96 x 42 =
25 x 15 =	37 x 69 =

CALCUL RAPIDE APPLIQUÉ

1. Une salle de cinéma comprend 49 rangées de 35 places chacune.
Calcule le nombre total de places.

2. Papa charge la voiture de 18 cartons contenant chacun 14 kg de carreaux de faïence.
Quelle masse de carrelage transporte-t-il ainsi ?

3. Avant de partir faire un reportage, un photographe se munit de 14 rouleaux de pellicule de 36 poses chacune.
Combien de clichés pourra-t-il prendre ?

4. L'entrée d'un musée revient à 18 F par élève.
Calcule le coût pour 29 élèves.

MULTIPLIER PAR 0,1 – 0,01 – 0,001
(m 0,1 = d 10)

13 x 0,1 = 1,3
13 x 0,01 = 0,13
13 x 0,001 = 0,013

Calcul mental

70 x 0,1 = 7
12 x 0,1 = 1,2
9 x 0,1 = 0,9
34 x 0,01 = 0,34
108 x 0,01 = 1,08
65 x 0,01 = 0,65
46 x 0,1 = 4,6
365 x 0,001 = 0,365
276 x 0,01 = 2,76
14 x 0,1 = 1,4

8 x 0,1 = 0,8
6,7 x 0,1 = 0,67
2435 x 0,001 = 2,435
32 x 0,01 = 0,32
58,1 x 0,1 = 5,81
3020 x 0,1 = 302
750 x 0,01 = 7,5
900 x 0,01 = 9
0,4 x 0,1 = 0,04
66 x 0,01 = 0,66

Calcul rapide

6,1 x 0,1 =
7 x 0,01 =
43 x 0,001 =
200 x 0,1 =
8,4 x 0,1 =

0,5 x 0,1 =
2,35 x 0,01 =
56,4 x 0,1 =
73, 2 x 0, 01 =
0,86 x 0,1 =

6300 x 0,01 =
240 x 0,1 =
74 000 x 0,01 =
3,81 x 0,01 =
75,75 x 0,1 =

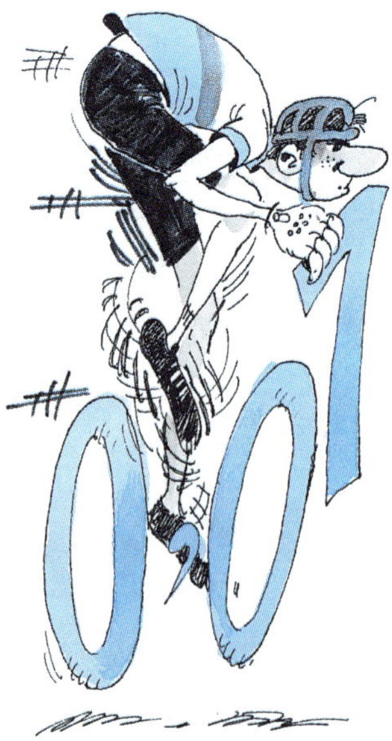

31 x 0,1 =
22,1 x 0,01 =
5,4 x 0,1 =
7729 x 0,001 =
0,94 x 0,1 =

66,3 x 0,1 =
43,6 x 0,01 =
85 x 0,1 =
3 287 x 0, 001 =
941,2 x 0,01 =

36,84 x 0,1 =
75369 x 0,001 =
30005 x 0,001 =
6 x 0,01 =
2,38 x 0,1 =

MULTIPLIER PAR 0,5 – 0,25

(m 0,5) = (d 2)   (m 0,25) = (d 4)

8 x 0,5 = 4   8 x 0,25 = 2

Calcul mental

8 x 0,5 = 4	17 x 0,5 = 8,5
10 x 0,5 = 5	13 x 0,5 = 6,5
6 x 0,5 = 3	22 x 0,25 = 5,5
18 x 0,5 = 9	240 x 0,5 = 120
24 x 0,25 = 6	1 000 x 0,25 = 250
16 x 0,25 = 4	82 x 0,25 = 20,5
88 x 0,25 = 22	156 x 0,5 = 78
36 x 0,5 = 18	14 x 0,25 = 3,5
52 x 0,25 = 13	64 x 0,5 = 32
68 x 0,25 = 17	128 x 0,5 = 64

Calcul rapide

170 x 0,5 =	2,6 x 0,25 =
2,5 x 0,5 =	580 x 0,5 =
84 x 0,25 =	740 x 0,25 =
59 x 0,5 =	830 x 0,25 =
68 x 0,25 =	316 x 0,5 =
179 x 0,5 =	280 x 0,25 =
3,22 x 0,5 =	716 x 0,5 =
444 x 0,25 =	949 x 0,5 =
670 x 0,5 =	108 x 0,25 =
340 x 0,25 =	628 x 0,25 =

Calcul rapide appliqué

12 x 1,5 =
15 x 1,25 =
36 x 1,5 =
44 x 1,25 =
22 x 4,5 =
34 x 0,25 =
66 x 0,25 =
1 040 x 1,5 =
408 x 1,25 =
464 x 0,25 =

8 x 2,25 =
40 x 10,5 =
14 x 3,25 =
16 x 6,5 =
18 x 1,25 =
650 x 1,5 =
11 x 3,5 =
17 x 2,5 =
160 x 1,25 =
9 x 6,5 =

1. Maman achète 0,25 kg de crevettes affichées 100,60 F le kg. Combien doit-elle payer ?

2. Cyrille pèse 0,5 kg de poires affichées 12,30 F le kg. Quel prix indiquera le ticket imprimé par la balance automatique ?

3. Quel sera le prix d'une bouteille de 1,5 l de cette boisson ?

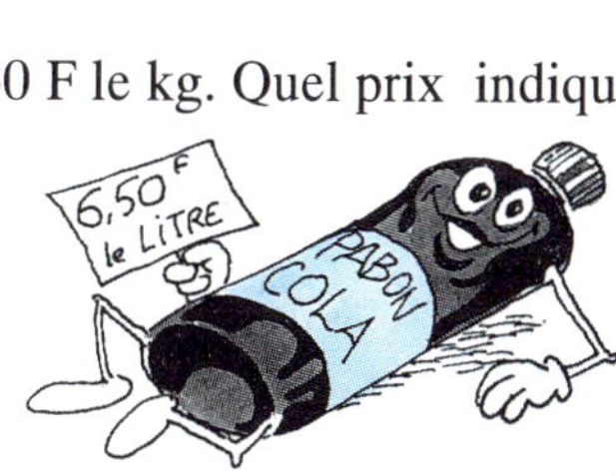

CALCUL APPROCHÉ D'UN PRODUIT
(encadrements)

120 < 32 x 4 < 160

(30 x 4) < 128 < (40 x 4)

CALCUL RAPIDE (ENCADREMENTS)

< 34 x 3 <
< 25 x 6 <
< 42 x 5 <
< 84 x 3 <
< 95 x 2 <
< 66 x 7 <
< 53 x 4 <
< 85 x 8 <
< 71 x 4 <
< 37 x 5 <

< 48 x 6 <
< 66 x 9 <
< 89 x 7 <
< 97 x 8 <
< 75 x 9 <
< 94 x 3 <
< 33 x 9 <
< 57 x 8 <
< 79 x 7 <
< 81 x 9 <

< 24 x 7 <
< 41 x 3 <
< 63 x 5 <
< 32 x 2 <
< 17 x 6 <
< 86 x 4 <
< 76 x 5 <
< 65 x 3 <
< 52 x 9 <
< 73 x 4 <

< 135 x 3 <
< 124 x 2 <
< 236 x 4 <
< 142 x 5 <
< 305 x 3 <
< 541 x 2 <
< 433 x 3 <
< 324 x 4 <
< 152 x 3 <
< 276 x 2 <

CALCUL RAPIDE APPLIQUÉ

1. Le rayon «SON» d'un grand magasin reçoit une commande de 8 chaînes stéréo, au prix unitaire de 1 479 F.
Encadre la valeur de cette commande.

2. Cyril possède une série de 9 albums de bandes dessinées.
Si le prix d'un album est de 34 F, encadre la valeur de cette série.

3. 6 personnes pesant en moyenne 65 kg montent dans un ascenseur.
Encadre la masse transportée par cet ascenseur.

CALCUL APPROCHÉ D'UN PRODUIT
(encadrements)*

CALCUL RAPIDE (ENCADREMENTS)

< 213 x 8 <	< 162 x 4 <
< 402 x 4 <	< 374 x 3 <
< 823 x 5 <	< 547 x 2 <
< 381 x 9 <	< 768 x 4 <
< 565 x 6 <	< 236 x 5 <
< 626 x 7 <	< 413 x 7 <
< 719 x 3 <	< 335 x 8 <
< 337 x 6 <	< 264 x 6 <
< 274 x 7 <	< 673 x 7 <
< 461 x 8 <	< 892 x 8 <

< 712 x 9 <	< 1 423 x 3 <
< 237 x 6 <	< 2 677 x 4 <
< 456 x 7 <	< 3 395 x 2 <
< 678 x 10 <	< 2 564 x 3 <
< 891 x 10 <	< 1 472 x 4 <
< 133 x 4 <	< 3 176 x 2 <
< 620 x 5 <	< 2 302 x 3 <
< 4 613 x 3 <	< 1 613 x 4 <
< 8 425 x 2 <	< 2 027 x 3 <
< 276 x 5 <	< 1 406 x 5 <

CALCUL RAPIDE APPLIQUÉ

1. Une encyclopédie est composée de 4 volumes de 352 pages chacun en moyenne.
Encadre le nombre total de pages de cette encyclopédie.

2. Un groupe de 8 personnes s'inscrit à un voyage coûtant 1 280 F par personne.
Encadre la dépense pour l'ensemble du groupe.

MULTIPLICATION : VALEUR APPROCHÉE

On choisira la valeur approchée parmi les 3 résultats proposés

35 x 4 ≈ 100 150 200

CALCUL RAPIDE

51 x 30	≈	150	1050	1500
33 x 4	≈	120	130	150
66 x 20	≈	1200	1 300	13 000
27 x 7	≈	140	200	250
49 x 6	≈	240	280	300
170 x 7	≈	800	1 200	20 00
261 x 2	≈	500	1 000	26 00
433 x 9	≈	3 000	4000	40 000
655 x 60	≈	3 900	32 000	39 000
326 x 3	≈	900	975	1 000
0,5 x 7	≈	3,5	35	350
1,2 x 23	≈	2,5	25	250
2,37 x 45	≈	105	1057	10 570
46,7 x 14	≈	65	650	6 500
6,28 x 3,5	≈	20	200	2 000
73,8 x 38	≈	280	2800	28 000
9600 x 5,6	≈	50 000	500 000	5 000 000
44 x 720	≈	3000	30 000	300 000
620 x 26,3	≈	15 000	150 000	200 000
31,5 x 800	≈	10 000	15 000	25 000

CALCUL RAPIDE APPLIQUÉ

1. Pour une tombola, on a vendu 835 billets à 9,50 F.
Combien cette vente a-t-elle rapporté environ ? 5 000 F, 8 000 F, 10 000 F.

2. Une famille de 4 personnes a passé 7 jours à l'hôtel en pension complète.
Le prix de la pension était de 307 F par jour et par personne.
La dépense totale s'élève environ à : 2100 F, 5000 F, 9000 F.

LA MULTIPLICATION : SYNTHÈSE

CALCUL MENTAL

9 x 6 = 54	9 x 11 = 99
8 x 7 = 56	14 x 9 = 126
9 x 4 = 36	37 x 11 = 407
7 x 9 = 63	49 x 10 = 490
7 x 2 = 14	23 x 100 = 2 300
11 x 8 = 88	4,5 x 1 000 = 4 500
25 x 2 = 50	25 x 8 = 200
35 x 0,5 = 17,5	17 x 99 = 1 683
12 x 5 = 60	42 x 101 = 4 242
15 x 5 = 75	55 x 20 = 1 100

CALCUL RAPIDE

26 x 8 =	74,1 x 100 =
18 x 30 =	99 x 8 =
31 x 300 =	24 x 9 =
21 x 29 =	15 x 12 =
26,3 x 10 =	32 x 0,5 =
139 x 19 =	78 x 2 000 =
204,82 x 10 =	93 x 99 =
4,5 x 1,9 =	95 x 5 =
47 x 100 =	49 x 400 =
145,5 x 2 =	40 x 0,25 =

CALCUL RAPIDE APPLIQUÉ

1. 1 mile = 1 852 m.
Calcule la distance à parcourir lors d'une course de 100 miles.

2. Calcule le poids d'une douzaine d'œufs de 60 g chacun.

3. On utilise environ 12 l d'eau en tirant sur une chasse-d'eau.
Calcule la consommation d'eau si l'on tire 20 fois sur cette chasse-d'eau.

4. Calcule le nombre d'heures dans un mois de 30 jours.

5. Une table ronde a un rayon de 50 cm.
Calcule son diamètre.

MULTIPLICATION : SYNTHÈSE*

CALCUL MENTAL

9 x 2 = 18	53 x 11 = 583
9 x 9 = 81	47 x 10 = 470
8 x 8 = 64	27,2 x 100 = 2 720
42 x 2 = 84	0,123 x 1 000 = 123
55 x 2 = 110	56 x 0,1 = 5,6
31 x 5 = 155	20 x 20 = 400
20 x 5 = 100	25 x 12 = 300
80 x 3 = 240	83 x 0,01 = 0,83
75 x 4 = 300	35 x 30 = 1 050
25 x 6 = 150	38 x 200 = 7 600

CALCUL RAPIDE

23 x 5 =	1,732 x 100 =
24 x 9 =	0,137 x 10 =
53 x 11 =	239 x 0,01 =
3,9 x 4 =	44 x 0,5 =
12 x 25 =	49 x 6 =
5,1 x 8 =	12,5 x 0,1 =
117 x 99 =	19 x 7 =
82 x 101 =	63 x 12 =
14 x 8 =	18 x 2 000 =
80 x 0,25 =	22 x 400 =

CALCUL RAPIDE APPLIQUÉ

1. Une légion romaine comprend 10 cohortes. Une cohorte est constituée de 600 hommes.
Combien de soldats comprend une légion ?

2. En une heure, Xavier lit en moyenne 93 pages d'un roman.
Combien de pages lit-il en moyenne en 2 h, 3 h ?

3. Monsieur et Madame Martin achètent 400 m^2 de terrain à 750 F le m^2.
Quel est le prix du terrain ?

4. Un carreleur achète 100 m^2 de carrelage à 55,50 F le m^2.
Calcule le prix total.

DIVISER UN NOMBRE ENTIER À 2 CHIFFRES PAR UN NOMBRE ENTIER À 1 CHIFFRE
(quotient 1 chiffre)

Calcul mental

12 : 3 = 4	21 : 7 = 3
20 : 4 = 5	16 : 4 = 4
35 : 5 = 7	72 : 8 = 9
12 : 2 = 6	15 : 5 = 3
42 : 6 = 7	18 : 3 = 6
56 : 7 = 8	36 : 9 = 4
27 : 9 = 3	24 : 4 = 6
40 : 8 = 5	48 : 6 = 8
24 : 6 = 4	36 : 6 = 6
32 : 4 = 8	28 : 7 = 4

Calcul rapide

31 : 6 = (r)	17 : 3 = (r)
28 : 4 = (r)	35 : 7 = (r)
20 : 3 = (r)	43 : 5 = (r)
13 : 2 = (r)	11 : 2 = (r)
48 : 5 = (r)	50 : 6 = (r)
23 : 3 = (r)	60 : 7 = (r)
46 : 7 = (r)	46 : 8 = (r)
17 : 2 = (r)	29 : 9 = (r)
32 : 8 = (r)	35 : 4 = (r)
34 : 6 = (r)	33 : 5 = (r)

Calcul rapide appliqué

1. Papa a acheté 24 rosiers qu'il veut répartir entre 3 massifs.
De combien de rosiers se composera chaque massif ?

2. 4 amis ont pris une consommation dans un café. Ils doivent payer 36 F.
Quel est le prix moyen d'une consommation ?

3. On veut répartir 49 élèves en 6 équipes.
Toutes les équipes pourront-elles avoir le même nombre de joueurs ?
Combien d'élèves comptera l'équipe la plus importante ?

DIVISER UN NOMBRE ENTIER À 2 CHIFFRES PAR UN NOMBRE ENTIER À 1 CHIFFRE
(quotient 1 chiffre)

CALCUL MENTAL

54 : 6 = 9	42 : 7 = 6
35 : 7 = 5	28 : 4 = 7
27 : 3 = 9	24 : 3 = 8
63 : 9 = 7	36 : 9 = 4
32 : 8 = 4	56 : 8 = 7
30 : 5 = 6	28 : 7 = 4
20 : 4 = 5	48 : 8 = 6
49 : 7 = 7	42 : 6 = 7
72 : 9 = 8	40 : 5 = 8
21 : 3 = 7	45 : 9 = 5

CALCUL APPLIQUÉ

70 : 8 = (r)	74 : 9 = (r)
56 : 7 = (r)	37 : 6 = (r)
45 : 6 = (r)	40 : 5 = (r)
30 : 4 = (r)	57 : 7 = (r)
25 : 7 = (r)	25 : 3 = (r)
34 : 5 = (r)	68 : 8 = (r)
28 : 3 = (r)	58 : 9 = (r)
51 : 8 = (r)	44 : 7 = (r)
65 : 9 = (r)	77 : 8 = (r)
38 : 6 = (r)	41 : 6 = (r)

CALCUL RAPIDE APPLIQUÉ

1. La gérante d'une cantine a commandé 6 douzaines d'œufs. Elle a compté qu'il fallait 8 œufs pour chaque table à servir.
Combien de tables y a-t-il à servir ?

2. Monsieur Duriez veut ranger ses 52 cassettes audio dans une étagère à casiers. Chaque casier peut contenir 6 cassettes.
Combien de casiers seront complets?
Combien de casiers seront utilisés ?
Combien de cassettes pourra-t-il encore ranger dans le casier incomplet ?

3. 27 membres d'une association se rendent à un spectacle en voiture. Ils ont pris le moins possible de véhicules, mais n'ont pas voulu dépasser 4 personnes par voiture.
Combien de voitures utilisent-ils ?
Combien de personnes sont montées dans la dernière voiture ?

DIVISER UN NOMBRE ENTIER À 2 CHIFFRES PAR UN NOMBRE ENTIER À 1 CHIFFRE (quotient 2 chiffres)

CALCUL MENTAL

24 : 2 = 12	60 : 5 = 12
39 : 3 = 13	88 : 4 = 22
50 : 2 = 25	69 : 3 = 23
44 : 4 = 11	74 : 2 = 37
63 : 3 = 21	62 : 2 = 31
28 : 2 = 14	72 : 6 = 12
80 : 8 = 10	84 : 4 = 21
60 : 4 = 15	65 : 5 = 13
36 : 3 = 12	84 : 6 = 14
46 : 2 = 23	84 : 7 = 12

CALCUL RAPIDE

97 : 3 =	(r)	63 : 5 =	(r)
74 : 6 =	(r)	56 : 4 =	(r)
89 : 8 =	(r)	71 : 3 =	(r)
94 : 9 =	(r)	89 : 2 =	(r)
86 : 7 =	(r)	72 : 6 =	(r)
68 : 6 =	(r)	54 : 2 =	(r)
73 : 7 =	(r)	78 : 3 =	(r)
90 : 8 =	(r)	96 : 5 =	(r)
96 : 9 =	(r)	73 : 4 =	(r)
67 : 3 =	(r)	51 : 2 =	(r)

CALCUL APPLIQUÉ

1. «Avec 81 F, affirme Marielle, j'aurai juste assez d'argent pour acheter 27 paquets de chewing-gum à 3 F pièce !».
VRAI ou FAUX ?

2. 6 amis décident de relier en courant deux villes distantes de 78 km.
S'ils courent en se relayant, quelle distance moyenne chacun parcourra-t-il ?

3. Un transporteur doit livrer 62 caisses. Chacun de ses camions ne peut emmener que 5 caisses à la fois.
S'il n'utilise qu'ùn seul camion, combien de voyages seront nécessaires ?

DIVISER UN NOMBRE ENTIER À 2 CHIFFRES PAR 1 NOMBRE ENTIER À 1 CHIFFRE (quotient 2 chiffres)*

CALCUL MENTAL

78 : 6 = 13	75 : 5 = 15
96 : 4 = 24	58 : 2 = 29
70 : 5 = 14	91 : 7 = 13
87 : 3 = 29	92 : 4 = 23
84 : 7 = 12	88 : 8 = 11
99 : 9 = 11	90 : 5 = 18
74 : 2 = 37	78 : 2 = 39
84 : 3 = 28	96 : 6 = 16
90 : 6 = 15	98 : 7 = 14
96 : 8 = 12	94 : 2 = 47

CALCUL RAPIDE

93 : 6 = (r)	73 : 5 = (r)
88 : 7 = (r)	50 : 4 = (r)
47 : 4 = (r)	62 : 2 = (r)
74 : 5 = (r)	91 : 8 = (r)
97 : 9 = (r)	56 : 3 = (r)
95 : 8 = (r)	77 : 2 = (r)
59 : 3 = (r)	82 : 3 = (r)
61 : 6 = (r)	93 : 4 = (r)
82 : 7 = (r)	74 : 2 = (r)
93 : 2 = (r)	81 : 7 = (r)

CALCUL RAPIDE APPLIQUÉ

1. Un immeuble d'habitation comprend 52 logements. Il y a 4 appartements à chaque étage.
Combien d'étages cet immeuble compte-t-il ?

2. «Tu as 61 ans et ce n'est que la 4e fois que je te vois !» dit Agathe à son vieil oncle Jo La Brousse, chercheur d'or en Amazonie.
Combien d'années, en moyenne, passent-ils sans se voir ?

3. Avant une longue étape désertique, des géologues répartissent équitablement les 87 litres de réserve en eau potable, entre leurs trois véhicules.
Quelle est la quantité d'eau disponible dans chaque véhicule ?

DIVISER PAR 2 UN NOMBRE ENTIER

CALCUL MENTAL

36 : 2 = 18	40 : 2 = 20
18 : 2 = 9	22 : 2 = 11
24 : 2 = 12	64 : 2 = 32
42 : 2 = 21	26 : 2 = 13
70 : 2 = 35	56 : 2 = 28
28 : 2 = 14	68 : 2 = 34
46 : 2 = 23	80 : 2 = 40
52 : 2 = 26	94 : 2 = 47
88 : 2 = 44	82 : 2 = 41
74 : 2 = 37	98 : 2 = 49

CALCUL RAPIDE

124 : 2 =	424 : 2 =
202 : 2 =	332 : 2 =
112 : 2 =	548 : 2 =
236 : 2 =	896 : 2 =
348 : 2 =	970 : 2 =
250 : 2 =	788 : 2 =
294 : 2 =	652 : 2 =
472 : 2 =	816 : 2 =
506 : 2 =	764 : 2 =
138 : 2 =	600 : 2 =

CALCUL RAPIDE APPLIQUÉ

1. Une année équivaut à 2 semestres ; 76 semestres équivalent à ... ans.

2. Philippe doit prendre 2 cachets par jour. Le docteur lui a prescrit une boîte de 64 gélules.
Combien de temps Philippe pourra-t-il suivre son traitement ?

3. D'un reportage, 2 photographes ramènent 94 clichés.
Combien chacun d'entre eux a-t-il pris de photos en moyenne ?

4. Sur une cassette vidéo, 2 films sont enregistrés pour une durée totale de 196 min.
Quelle est la durée moyenne d'un film ?

DIVISER PAR 2 UN NOMBRE ENTIER*

CALCUL MENTAL

34 : 2 = 17	54 : 2 = 27
30 : 2 = 15	63 : 2 = 31,5
50 : 2 = 25	81 : 2 = 40,5
38 : 2 = 19	59 : 2 = 29,5
44 : 2 = 22	65 : 2 = 32,5
25 : 2 = 12,5	27 : 2 = 13,5
33 : 2 = 16,5	95 : 2 = 47,5
49 : 2 = 24,5	73 : 2 = 36,5
37 : 2 = 18,5	39 : 2 = 19,5
41 : 2 = 20,5	32 : 2 = 16

CALCUL RAPIDE

831 : 2 =	527 : 2 =
346 : 2 =	446 : 2 =
159 : 2 =	798 : 2 =
993 : 2 =	979 : 2 =
165 : 2 =	864 : 2 =
575 : 2 =	853 : 2 =
683 : 2 =	685 : 2 =
957 : 2 =	769 : 2 =
711 : 2 =	607 : 2 =
629 : 2 =	510 : 2 =

CALCUL RAPIDE APPLIQUÉ

1. La maîtresse veut répartir ses 29 élèves en 2 équipes. Le peut-elle ? Quel sera le nombre d'élèves dans chacune des équipes ?

2. Deux amis se relaient au volant d'une voiture pour parcourir 339 km. Calcule la distance moyenne accomplie par chacun.

3. Papa et maman qui ont le même âge, ont 65 ans à eux deux . Quel est leur âge respectif ?

DIVISER PAR 3 UN NOMBRE ENTIER

Calcul mental

27 : 3 = 9	900 : 3 = 300
18 : 3 = 6	606 : 3 = 202
30 : 3 = 10	180 : 3 = 60
63 : 3 = 21	129 : 3 = 43
39 : 3 = 13	210 : 3 = 70
96 : 3 = 32	3 300 : 3 = 1 100
123 : 3 = 41	72 : 3 = 24
300 : 3 = 100	48 : 3 = 16
93 : 3 = 31	960 : 3 = 320
66 : 3 = 22	153 : 3 = 51

Calcul rapide

639 : 3 =	420 : 3 =
306 : 3 =	183 : 3 =
930 : 3 =	1 809 : 3 =
126 : 3 =	249 : 3 =
159 : 3 =	2 706 : 3 =
245 : 3 = (r)	284 : 3 = (r)
271 : 3 = (r)	160 : 3 = (r)
607 : 3 = (r)	632 : 3 = (r)
363 : 3 = (r)	1 512 : 3 = (r)
154 : 3 = (r)	18 006 : 3 = (r)

Calcul rapide appliqué

1. Un parking souterrain, composé de 3 niveaux identiques, peut contenir 906 voitures.
Quel est le nombre de places disponibles à chaque niveau ?

2. Sam le Pirate et ses 2 associés viennent de déterrer un coffre contenant 604 rubis, émeraudes et saphirs ! «Chic, après le partage, murmure Sam, j'aurai une pierre de plus que les autres...»
Quel partage Sam a-t-il prévu de faire ?

3. Une agence de voyages propose :
Découverte des Cévennes : 930 F pour 3 jours de circuit.
Quel est le prix de revient d'une journée de voyage ?

DIVISER PAR 5 UN NOMBRE ENTIER
(d10 m2)

95 : 5 = (95 : 10) x 2 = 9,5 x 2 = 19

Calcul mental

45 : 5 = 9	90 : 5 = 18
65 : 5 = 13	105 : 5 = 21
70 : 5 = 14	125 : 5 = 25
40 : 5 = 8	145 : 5 = 29
25 : 5 = 5	85 : 5 = 17
75 : 5 = 15	115 : 5 = 23
35 : 5 = 7	135 : 5 = 27
55 : 5 = 11	120 : 5 = 24
95 : 5 = 19	165 : 5 = 33
80 : 5 = 16	150 : 5 = 30

Calcul rapide

155 : 5 =	835 : 5 =
275 : 5 =	710 : 5 =
335 : 5 =	320 : 5 =
405 : 5 =	665 : 5 =
500 : 5 =	555 : 5 =
315 : 5 =	945 : 5 =
620 : 5 =	190 : 5 =
440 : 5 =	285 : 5 =
595 : 5 =	420 : 5 =
745 : 5 =	675 : 5 =

Calcul rapide appliqué

1. Un filet de 5 kg de pommes de terre vaut 15 F.
Quel est le prix d'un kg ?

2. Cinq amis ont gagné ensemble la somme de 995 F.
Quelle est la part de chacun ?

3. En 5 mois, Céline a déposé 655 F sur son livret de Caisse d'épargne.
Combien a-t-elle déposé chaque mois, en moyenne ?

4. Combien de temps une pompe débitant 5 m^3 à l'heure mettra-t-elle pour pomper 125 m^3 d'eau ?

DIVISER PAR 5 UN NOMBRE ENTIER*

Calcul mental

34 : 5 = 6 (r 4)	42 : 5 = 8 (r 2)
53 : 5 = 10 (r 3)	73 : 5 = 14(r 3)
62 : 5 = 12 (r 2)	27 : 5 = 5 (r 2)
19 : 5 = 3 (r 4)	13 : 5 = 2 (r 3)
37 : 5 = 7 (r 2)	35 : 5 = 7
54 : 5 = 10 (r 4)	64 : 5 = 12(r 4)
46 : 5 = 9 (r 1)	86 : 5 = 17(r 1)
94 : 5 = 18 (r 4)	99 : 5 = 19(r 4)
89 : 5 = 17 (r 4)	58 : 5 = 11(r 3)
71 : 5 = 14 (r 1)	100 : 5 = 20

Calcul rapide

124 : 5 = (r)	535 : 5 = (r)
373 : 5 = (r)	627 : 5 = (r)
235 : 5 = (r)	752 : 5 = (r)
557 : 5 = (r)	364 : 5 = (r)
619 : 5 = (r)	191 : 5 = (r)
478 : 5 = (r)	973 : 5 = (r)
396 : 5 = (r)	886 : 5 = (r)
561 : 5 = (r)	598 : 5 = (r)
182 : 5 = (r)	219 : 5 = (r)
249 : 5 = (r)	540 : 5 = (r)

Calcul rapide appliqué

1. Lors d'un rallye pédestre se déroulant sur 5 jours, les concurrents doivent parcourir une distance totale de 218 km.
Quelle distance moyenne parcourront-ils chaque jour ?

2. Un avion à réaction parcourt en 5 minutes une distance de 168 km.
Quelle est sa vitesse moyenne à la minute ?

3. 5 amis dînent au restaurant et paient une addition d'un montant de 482 F.
Quelle est la part de chacun ?

4. Un véhicule tout-terrain consomme 117 litres d'essence en 5 heures, lors d'une étape dans le désert.
Quelle est sa consommation moyenne à l'heure ?

DIVISER PAR 10, 100, 1000

Calcul mental

450 : 10 = 45
640 : 10 = 64
7 300 : 10 = 730
900 : 100 = 9
38 : 10 = 3,8
525 : 100 = 5,25
460 : 100 = 4,6
9 : 10 = 0,9
7 300 : 1 000 = 7,3
52 : 100 = 0,52

358 : 1 000 = 0,358
60 : 100 = 0,6
376 : 100 = 3,76
415 : 10 = 41,5
7 000 : 100 = 70
2 710 : 10 = 271
386 : 1 000 = 0,386
5 330 : 100 = 53,3
2 766 : 1 000 = 2,766
100 000 : 1 000 = 100

Calcul rapide

106 : 10 =
270 : 10 =
4 : 100 =
7 715 : 10 =
6 327 : 1 000 =
8 040 : 100 =
3 360 : 10 =
52 741 : 10 =
24 : 1 000 =
43 : 100 =

7 : 10 =
62 : 1 000 =
54 000 : 1 000 =
1 : 100 =
87 : 10 =
51 : 100 =
88 : 1 000 =
276 : 10 000 =
135 : 10 000 =
79 : 1 000 =

Calcul rapide appliqué

1. 150 livres doivent être expédiés dans des colis qui peuvent en contenir chacun 10.
Combien de colis seront nécessaires ?

2. Un vigneron a produit 37 000 l de vin.
Combien de fûts de 100 l pourrait-il remplir avec sa production ?

3. 127 invités sont présents pour un repas de mariage. Ils sont répartis par table de 10.
Combien de tables seront complètes ?
Combien de tables seront nécessaires ?

DIVISER PAR 10, 100, 1 000*

CALCUL MENTAL

27 : 10 = 2,7
34,5 : 10 = 3,45
672 : 100 = 6,72
6 : 10 = 0,6
86,2 : 100 = 0,862
900 : 1 000 = 0,9
22,5 : 10 = 2,25
67 : 100 = 0,67
354,5 : 100 = 3,545
1,6 : 10 = 0,16

71,2 : 100 = 0,712
345 : 1 000 = 0,345
237 : 100 = 2,37
5 864 : 1 000 = 5,864
863 : 1 000 = 0,863
631 : 10 = 63,1
4 : 100 = 0,04
7,6 : 100 = 0,076
3,5 : 10 = 0,35
190,7 : 1 000 = 0,1907

CALCUL RAPIDE

3,64 : 10 =
2,05 : 10 =
1,7 : 100 =
0,4 : 10 =
4 815,2 : 1 000 =
3,1 : 100 =
37,4 : 1 000 =
568 : 10 =
9 426 : 100 =
1,5 : 100 =

5 : 100 =
3 000 : 10 =
200,7 : 1 000 =
0,6 : 100 =
3 976,1 : 1 000 =
794,6 : 100 =
20 700 : 100 =
1 048 : 10 000 =
20,4 : 1 000 =
17 : 10 =

CALCUL RAPIDE APPLIQUÉ

1. Tiphaine veut répartir équitablement le contenu d'une bouteille de jus de fruits de 1,5 l entre 10 verres.
Quelle quantité, en cl, devra-t-elle verser dans chaque verre ?

2. 67 élèves d'une école vont assister à une séance de cinéma. On peut les installer à 10 par rangée.
Combien de rangées seront complètes ? Combien de rangées seront occupées ? Combien d'élèves seront installés sur la dernière rangée ?

3. Mathilde veut ranger 53 photographies dans des mini-albums qui peuvent en contenir chacun 10.
Combien d'albums seront complétés ? Combien d'albums devra-t-elle acheter ?

DIVISER PAR 20, 200, 2 000

Calcul mental

40 : 20 = 2
600 : 200 = 3
20 : 20 = 1
10 000 : 2 000 = 5
100 : 20 = 5
2 000 : 2 000 = 1
800 : 200 = 4
200 : 20 = 10
180 : 20 = 9
1 200 : 200 = 6

80 : 20 = 4
400 : 200 = 2
60 : 20 = 3
1 000 : 200 = 5
18 000 : 2 000 = 9
160 : 20 = 8
1 400 : 200 = 7
2 400 : 200 = 12
140 : 20 = 7
200 : 20 = 10

Calcul rapide

900 : 20 =
3 600 : 200 =
520 : 20 =
36 000 : 2 000 =
940 : 20 =
3 200 : 20 =
3 200 : 200 =
50 000 : 2 000 =
60 000 : 2 000 =
4 600 : 200 =

540 : 20 =
860 : 20 =
760 : 200 =
400 : 20 =
4 000 : 200 =
620 : 20 =
48 000 : 2 000 =
5 000 : 200 =
880 : 20 =
1 000 : 20 =

Calcul rapide appliqué

1. 20 kg de peinture pour ravalement coûtent 400 F.
Quel est le prix du kg de cette peinture ?

2. Combien faut-il d'heures pour remplir un bassin de 2 400 l avec une pompe qui débite 200 l à l'heure ?

3. Une petite entreprise mettant de l'eau de source en bouteilles parvient à embouteiller environ 2000 l à l'heure.
Combien de temps lui faudra-t-il pour une quantité de 16 000 litres ?

DIVISER PAR 20, 200, 2 000*

Calcul mental

120 : 20 = 6
1 800 : 200 = 9
260 : 20 = 13
3 000 : 200 = 15
2 200 : 200 = 11
4 000 : 2 000 = 2
2 600 : 200 = 13
240 : 20 = 12
2 000 : 200 = 10
300 : 20 = 15

220 : 20 = 11
1 600 : 200 = 8
280 : 20 = 14
8 000 : 2 000 = 4
5 000 : 200 = 25
20 000 : 2 000 = 10
12 000 : 2 000 = 6
2 800 : 200 = 14
260 : 20 = 13
180 : 20 = 9

Calcul rapide

3 000 : 20 =
6 000 : 200 =
32 000 : 2 000 =
8 000 : 200 =
380 : 20 =
24 000 : 2 000 =
3 400 : 200 =
340 : 20 =
24 000 : 2 000 =
3 600 : 200 =

480 : 20 =
22 000 : 2 000 =
100 000 : 2 000
30 000 : 2 000 =
500 : 20 =
22 00 : 200 =
460 : 20 =
4 200 : 200 =
5 000 : 200 =
420 : 20 =

Calcul rapide appliqué

1. Combien de billets de 20 F a-t-on avec un billet de 500 F ?

2. Un groupe de gardiens de troupeaux arrive à marquer 200 bêtes dans une journée.
Combien de temps leur faudra-t-il pour marquer 8 000 bêtes ?

3. Un hypermarché a passé une commande de plusieurs magnétoscopes d'une valeur de 2 000 F pièce. La facture totale s'élève à 24 000 F.
Quel est le nombre de magnétoscopes commandés ?

DIVISER PAR 30, 400, 9 000...

Calcul mental

60 : 30 = 2
90 : 30 = 3
160 : 40 = 4
180 : 60 = 3
9 000 : 300 = 30
400 : 50 = 8
210 : 70 = 3
2 400 : 300 = 8
4 800 : 800 = 6
18 000 : 3 000 = 6

250 : 50 = 5
210 : 30 = 7
150 : 30 = 5
1 600 : 400 = 4
30 000 : 3 000 = 10
560 : 80 = 7
720 : 90 = 8
3 600 : 60 = 60
3 500 : 50 = 70
330 : 30 = 11

Calcul rapide

4 400 : 40 =
4 200 : 300 =
84 000 : 700 =
800 : 8 000 =
360 : 4 000 =
8 000 : 500 =
160 : 800 =
300 000 : 5000 =
1 400 : 7 000 =
9 600 : 80 =

78 000 : 600 =
45 000 : 15 000 =
6 400 : 320 =
720 : 30 =
580 : 40 =
1 800 : 300 =
630 : 700 =
24 000 : 600 =
2 500 : 5 000 =
240 000 : 12 000 =

Calcul rapide appliqué

1. Un agriculteur a récolté 4 500 kg de pommes de terre qu'il veut vendre en sacs de 50 kg.
Combien de sacs va-t-il pouvoir vendre ?

2. Combien de camions-citernes d'une capacité de 8 000 l pourrait-on remplir avec le contenu d'une cuve de 16 000 000 l ?

3. Une péniche transporte un chargement de 1 500 t de sable.
Combien de voyages seraient nécessaires pour la vider complètement si l'on utilisait un seul camion pouvant emmener un chargement de 30 t ?

DIVISER UN NOMBRE DÉCIMAL PAR 2, 3

CALCUL MENTAL

8,4 : 2 = 4,2	15,3 : 3 = 5,1
16,8 : 2 = 8,4	33,9 : 3 = 11,3
20,6 : 2 = 10,3	60,6 : 3 = 20,2
32,2 : 2 = 16,1	18,9 : 3 = 6,3
38,8 : 2 = 19,4	42,6 : 3 = 14,2
44,6 : 2 = 22,3	30,9 : 3 = 10,3
30,4 : 2 = 15,2	99,9 : 3 = 33,3
54,2 : 2 = 27,1	78,3 : 3 = 26,1
12,6 : 2 = 6,3	120,6 : 3 = 40,2
26,8 : 2 = 13,4	27,3 : 3 = 9,1

CALCUL RAPIDE

68,2 : 2 =	45,3 : 3 =
86,4 : 2 =	135,6 : 3 =
134,8 : 2 =	54,9 : 3 =
78,6 : 2 =	63,9 : 3 =
82,4 : 2 =	147,6 : 3 =
126,2 : 2 =	81,6 : 3 =
138,8 : 2 =	141,9 : 3 =
104,6 : 2 =	75,3 : 3 =
98,6 : 2 =	93,3 : 3 =
150,8 : 2 =	150,3 : 3 =

CALCUL RAPIDE APPLIQUÉ

1. Des randonneurs ont parcouru 8,6 km en 2 heures.
Quelle est leur moyenne à l'heure ?

2. 3 camarades se rendent à la patinoire et paient ensemble 55,50 F.
Combien coûte l'entrée ?

3. 3 tablettes de chocolat valent 12,60 F.
Quel est le prix d'une tablette ?

DIVISER UN NOMBRE DÉCIMAL PAR 2, 3*

CALCUL MENTAL

34,2 : 2 = 17,1	18,3 : 3 = 6,1
22,4 : 2 = 11,2	36,6 : 3 = 12,2
40,6 : 2 = 20,3	63,9 : 3 = 21,3
14,8 : 2 = 7,4	21,9 : 3 = 7,3
28,2 : 2 = 14,1	48,6 : 3 = 16,2
58,8 : 2 = 29,4	33,3 : 3 = 11,1
36,6 : 2 = 18,3	81,3 : 3 = 27,1
42,4 : 2 = 21,2	126,9 : 3 = 42,3
30,2 : 2 = 15,1	45,6 : 3 = 15,2
46,2 : 2 = 23,1	51,9 : 3 = 17,3

CALCUL RAPIDE

18,62 : 2 =	24,24 : 3 =
54,44 : 2 =	39,12 : 3 =
0,5 : 2 =	65,33 : 3 =
1,5 : 2 =	30,66 : 3 =
102,36 : 2 =	15,03 : 3 =
88,88 : 2 =	36,06 : 3 =
62,16 : 2 =	45,15 : 3 =
76,64 : 2 =	51,27 : 3 =
34,32 : 2 =	84,45 : 3 =
90,14 : 2 =	57,39 : 3 =

CALCUL RAPIDE APPLIQUÉ

1. Dans un hypermarché, le coffret de 3 compact disques est vendu 164,10 F.
Quel est le prix d'un compact disque ?

2. Un lot de 2 chemises est vendu 86,30 F.
Quel est le prix d'une chemise ?

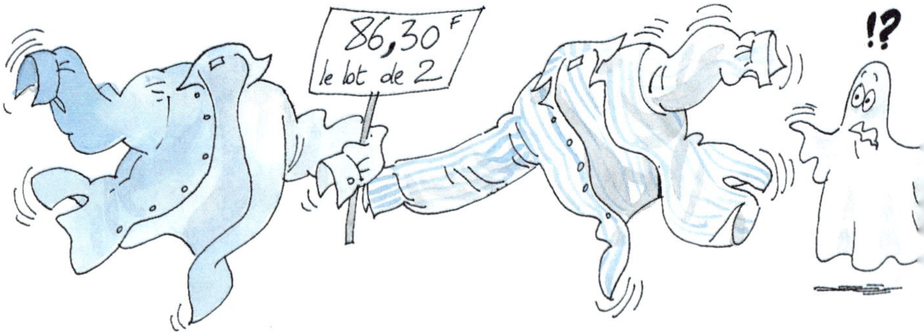

3. La note de téléphone de monsieur Dellieux s'élève à 462,44 F, pour 2 mois, ce qui fait ... F par mois.

DIVISER PAR 0,5 - 0,25
d 0,5 = m 2   d 0,25 = m 4

Calcul mental

2 : 0,5 = 4	23 : 0,25 = 92
6 : 0,5 = 12	16 : 0,5 = 32
10 : 0,5 = 20	33 : 0,25 = 132
3 : 0,25 = 12	24 : 0,25 = 96
5 : 0,25 = 20	52 : 0,25 = 208
12 : 0,5 = 24	21 : 0,5 = 42
9 : 0,25 = 36	32 : 0,5 = 64
14 : 0,5 = 28	13 : 0,25 = 52
7 : 0,5 = 14	28 : 0,5 = 56
11 : 0,25 = 44	26 : 0,25 = 104

Calcul rapide

106 : 0,5 =	631 : 0,5 =
201 : 0,25 =	416 : 0,5 =
37 : 0,5 =	1 300 : 0,25 =
225 : 0,5 =	36 : 0,25 =
402 : 0,25 =	153 : 0,25 =
112 : 0,25 =	704 : 0,25 =
341 : 0,5 =	216 : 0,5 =
69 : 0,25 =	309 : 0,5 =
212 : 0,25 =	1 206 : 0,5 =
517 : 0,5 =	38 000 : 0,5 =

Calcul rapide appliqué

1. 350 kg de haricots verts sont surgelés en paquets de 0,5 kg.
Combien de paquets obtiendra-t- on ?

2. On répartit le contenu de 6 bouteilles de 1 litre chacune dans des verres d'une capacité de 0,25 l.
Combien de verres pourra-t-on remplir ?

3. Un carton pesant 27,6 kg contient des paquets pesant chacun 0,5 kg. Le carton vide pèse 0,6 kg.
Combien de paquets le carton contient-il ?
Chaque paquet est vendu 10,40 F.
Quelle somme rapportera la vente de tous les paquets ?

CALCUL APPROCHÉ D'UN QUOTIENT
(encadrements)

Calcul rapide

< 27 : 4 <	< 46 : 5 <	< 41 : 3 <	< 73 : 5 <
< 19 : 3 <	< 19 : 7 <	< 57 : 5 <	< 84 : 8 <
< 15 : 2 <	< 33 : 6 <	< 27 : 2 <	< 94 : 7 <
< 41 : 5 <	< 5 : 3 <	< 80 : 6 <	< 91 : 6 <
< 26 : 7 <	< 69 : 9 <	< 49 : 4 <	< 53 : 4 <
< 33 : 4 <	< 18 : 4 <	< 64 : 5 <	< 104 : 9 <
< 13 : 3 <	< 44 : 5 <	< 102 : 8 <	< 35 : 2 <
< 60 : 7 <	< 45 : 6 <	< 183 : 9 <	< 81 : 6 <
< 29 : 8 <	< 43 : 8 <	< 63 : 4 <	< 89 : 8 <
< 28 : 6 <	< 59 : 7 <	< 70 : 6 <	< 67 : 5 <

Calcul rapide appliqué

1. Jennifer annonce : «J'ai entendu qu'il était tombé 42 mm de pluie durant les 8 derniers jours.»
Encadre, au mm près, la hauteur moyenne de pluie tombée chaque jour.

2. 4 amis ont gagné 157 F en jouant au loto. Ils se répartissent leur gain.
Encadre, au franc près, la somme reçue par chacun.

3. Monsieur Rabot veut couper une planche longue de 123 cm en 5 morceaux égaux .
Encadre, au cm près, la longueur de chaque morceau.

DIVISION : VALEUR APPROCHÉE
On choisira la valeur approchée parmi les 3 résultats proposés

CALCUL RAPIDE

45 : 4 ≈	10	20	30
58 : 9 ≈	5	10	15
75 : 2 ≈	40	50	60
140 : 6 ≈	15	20	25
212 : 5 ≈	30	35	40
95 : 3 ≈	30	40	50
81 : 7 ≈	5	10	15
154 : 10 ≈	10	15	20
43,9 : 100 ≈	0,04	0,4	4
510 : 20 ≈	25	30	35
95 : 8 ≈	5	8	10
64 : 3 ≈	20	30	40
1 300 : 400 ≈	1	2	31
5 000 : 2 000 ≈	3	5	7
1 740 : 100 ≈	1,7	17	170
17,3 : 2 ≈	8	10	12
25,5 : 3 ≈	4	6	8
77 : 4 ≈	10	15	20
29 : 5 ≈	6	7	8
226 : 25 ≈	8	9	10

CALCUL RAPIDE APPLIQUÉ

1. Le professeur d'Éducation Sportive répartit une classe de 29 élèves en 4 équipes.
Combien y aura-t-il environ d'élèves dans chaque équipe ? 6 - 7 - 8 ?

2. Un feuilleton télévisé passe quotidiennement sur une chaîne pendant 30 minutes.
Combien d'épisodes pourra-t-on enregistrer sur une cassette vidéo d'une durée de 200 min ? 2 - 3 - 5 ?

DIVISION : SYNTHÈSE

CALCUL MENTAL

15 : 3 = 5	100 : 0,5 = 200
75 : 25 = 3	160 : 20 = 8
125 : 5 = 25	2 400 : 400 = 6
27 : 3 = 9	180 : 30 = 6
49 : 7 = 7	95 : 5 = 19
96 : 2 = 48	36 : 3 = 12
45 : 3 = 15	2 100 : 30 = 70
225 : 75 = 3	14,8 : 2 = 7,4
14,9 : 10 = 1,49	33,3 : 3 = 11,1
174 : 100 = 1,74	112 : 10 = 11,2

CALCUL RAPIDE

387 : 5 =	702 : 2 =
274 : 2 =	645 : 3 =
6 800 : 200 =	1 044 : 10 =
87 : 3 =	19,5 : 100 =
3,2 : 100 =	88,2 : 2 =
72,8 : 2 =	47 : 0,1 =
3 600 : 300 =	61,2 : 3 =
48 000 : 2 000 =	375 : 1 000 =
880 : 20 =	30 : 0,25 =
52,2 : 3 =	52 : 0,01 =

CALCUL RAPIDE APPLIQUÉ

1. Un panneau de signalisation routière a 55 cm de diamètre.
Calcule son rayon.

2. Au péage d'une autoroute, il est passé 12 500 véhicules en 5 heures, soit une moyenne de ... véhicules à l'heure.

3. Maman achète 20 serviettes pour 280 F.
Quel est le prix d'une serviette ?

4. Une baguette de pain coûte 3,30 F.
On coupe la baguette en 2.
Combien vaut chaque moitié ?
Combien vaut une baguette et demi ?

5. Dans un ascenseur, un panonceau indique une charge maximale de 900 kg.
Combien de personnes de 70 kg peuvent prendre place dans cet ascenseur ?

DIVISION : SYNTHÈSE*

CALCUL MENTAL

30 : 2 = 15	44 : 0,1 = 440
75 : 5 = 15	1,38 : 0,01 = 138
8 : 0,25 = 32	77 : 7 = 11
36 : 3 = 12	45 : 5 = 9
125 : 25 = 5	10,2 : 2 = 5,1
241 : 10 = 24,1	140 : 20 = 7
511 : 100 = 5,11	24,6 : 3 = 8,2
55 : 5 = 11	600 : 30 = 20
20 : 4 = 5	8 000 : 2 000 = 4
99 : 9 = 11	48 : 0,5 = 96

CALCUL RAPIDE

271 : 5 =	625 : 5 =
320 : 2 =	91 : 7 =
55,5 : 10 =	84 : 6 =
19,9 : 100 =	2 800 : 400 =
0,12 : 0,1 =	76,8 : 2 =
86,4 : 2 =	96 : 8 =
342 : 3 =	750 : 50 =
66,9 : 3 =	150 : 30 =
435 : 1 000 =	1 200 : 200 =
149 : 5 =	30,4 : 2 =

CALCUL RAPIDE APPLIQUÉ

1. David pèse 5 fois moins qu'un lutteur japonais de Sumo de 210 kg.
Quel est le poids de David ?

2. La distance de la Terre à la Lune est de 360 000 km.
Combien de temps mettrait un avion volant à la vitesse de 2 000 km/h pour effectuer cette distance ?

3. Jérôme mesure 1,83 m, soit le triple de la hauteur de son fils Quentin qui a 4 mois.
Quelle est la taille de Quentin ?

4. Marine est 2 fois plus petite que son père qui mesure 1, 84 m.
Quelle est la taille de Marine ?

LES NOMBRES COMPLEXES

CALCUL RAPIDE

1 h + 2 h35 min =
2 h 15 min + 1 h 15 min =
2 h 20 min + 4 h 40 min =
6 h + 3 h 20 min =
5 h 35 min + 2 h 25 min =

4 h 45 min + 20 min =
2 min 20 s + 3 min 40 s =
4 min 15 s + 1 min 45 s =
2 min 10 s + 40 s =
30 min 35 s + 15 min 10 s =

30 min x 3 =
15 min x 4 =
3 h 30 min x 2 =
1 h 20 min x 3 =
2 h 30 min x 4 =

15 min x 6 =
24 min 24 s : 4 =
1 min 10 s x 3 =
35 min 20 s : 5 =
5 min 12 s x 5 =

1 h – 45 min =
3 h – 1 h 30 min =
5 h 45 min – 30 min =
3 h 50 min – 45 min =
8 h 10 min – 5 h =

2 h – 50 min =
22 h – 15 h 15 min =
4 h – 2h 10 min =
2 h – 35 min =
5 h 20 min – 25 min =

4 h : 8 =
1 h : 4 =
1 h : 5 =
1 h 20 min : 4 =
24 h : 4 =

5 h 25 min : 5 =
6 min x 10 =
42 min 7 s : 7 =
8 min x 10 =
50 min 20 s : 10 =

CONVERSIONS

2 h = min
5 h = min
1 h = s
3 h = s
12 h 30 min x 2 = j h

30 s x 4 = min
18 h + 6 h = h = j
15 h x 2 = h = j et h
48 h = j
5 j = h

CALCUL RAPIDE APPLIQUÉ

1. Samuel part pour l'école à 8 h 10 min et arrive à 8 h 25 min.
Quelle est la durée du trajet ?

2. Monsieur et madame Doutre vont rendre visite à leurs parents. Il faut compter 40 min de trajet.
À quelle heure arriveront-ils s'ils partent de chez eux à 9 h 20 min ?

3. Le TGV de 18 h 25 min à 15 minutes de retard.
À quelle heure arrive-t-il donc ?

4. Une montre retarde de 5 secondes toutes les 12 heures.
Combien de retard prendra-t-elle en 5 jours ?

SYNTHÈSE GÉNÉRALE : CALCUL MENTAL

37 + 10 = 47
145 + 19 = 164
364 – 40 = 324
80 – 4,5 = 75,5
50 x 9 = 450

32 + 98 = 130
41 x 4 = 164
64 : 8 = 8
37,2 – 17 = 20,2
194 + 60 = 254

14 + 130 = 144
73 + 39 = 112
35 x 4 = 140
50 – 27 = 23
22 x 6 = 132

18 x 0,5 = 9
39 x 0,1 = 3,9
12 x 300 = 3 600
94 – 38 = 56
65 : 5 = 13

56,3 : 10 = 5,63
24 : 100 = 0,24
2,5 x 11 = 27,5
125 + 68 = 193
34 x 9 = 306

32 – 7 = 25
194 – 38 = 156
3,55 + 1,2 = 4,75
60 x 99 = 5 940
96 : 3 = 32

82 x 4 = 328
10 x 11 = 110
34 x 20 = 680
48 : 2 = 24
127 + 9 = 136

281 – 82 = 199
360 – 38 = 322
70 x 11 = 770
299 x 2 = 598
56 : 7 = 8

28 : 7 = 4
17 + 141 = 158
82 x 3 = 246
46 x 2 = 92
65 – 19 = 46

162 + 4,5 = 166,5
179 – 60 = 119
270 : 30 = 9
42 x 7 = 294
65 – 49 = 16

7500 x 0,01 = 75
68 x 101 = 6 868
85 : 5 = 17
24,6 : 2 = 12,3
48 – 2,4 = 45,6

1,6 : 100 = 0,016
1 600 : 40 = 40
21 x 30 = 630
24 x 99 = 2 376
41 000 + 1 320 = 42 320

SYNTHÈSE GÉNÉRALE : CALCUL MENTAL*

16 000 + 8 005 = 24 005
375 + 125 = 500
246 – 20,5 = 225,5
66 x 6 = 396
42 x 25 = 1 050

68 200 + 530 = 68 730
13 – 4,6 = 8,4
120,5 – 42 = 78,5
28 x 250 = 7 000
86 – 49 = 37

33,2 – 7 = 26,2
4817 – 305 = 4 512
46,4 + 9,6 = 56
640 x 101 = 64 640
12,12 : 6 = 2,2

126 – 59 = 67
746 + 104 = 850
43,51 – 14 = 29,51
21 x 30 = 630
76 : 4 = 19

324 + 83 = 407
422 + 173 = 595
328 + 124 = 452
32 403 – 700 = 31 703
38 x 101 = 3 838

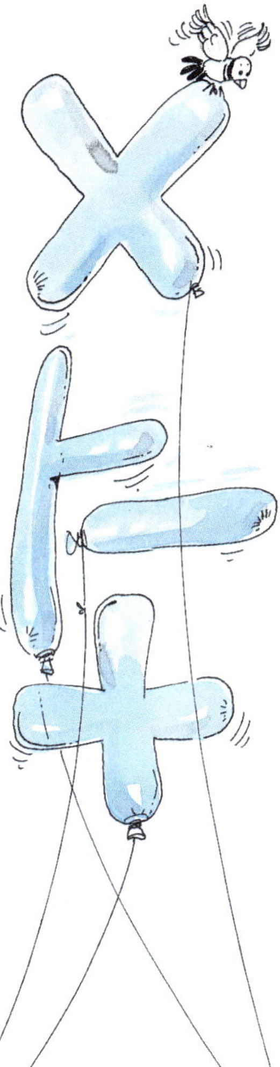

18,6 : 2 = 9,3
16 x 250 = 4 000
375 + 104 = 479
36 + 45 = 81
137 – 30,2 = 106,8

480 x 9 = 4 320
14 x 12 = 168
84 : 4 = 21
394 + 6,5 = 400,5
64,2 : 2 = 32,1

210 : 7 = 30
88 x 11 = 968
82 x 25 = 2 050
139 + 78 = 217
3560 – 80 = 3 480

78 : 3 = 26
0,42 x 100 = 42
19,6 + 44 = 63,6
53 + 66 = 119
126 : 7 = 18

604 + 309 = 913
400 – 196 = 204
105 : 5 = 21
274 + 414 = 688
36 x 25 = 900

SYNTHÈSE GÉNÉRALE

1. 143 + 246 =
216 + 173 =
324 + 144 =
895 – 383 =
74 x 20 =

90 600 : 3 =
218 + 114 =
336 + 625 =
84 x 11 =
72 x 9 =

2. Gérard achète une platine laser à 1 260 F et 3 disques valant 285 F les 3.
Quelle somme a-t-il dépensée ?

3. Une course automobile se déroule sur 2 étapes, l'une de 273 km, l'autre de 241 km.
Quelle est la distance à parcourir pour cette course ?

4. 2 200 + 1 696 =
395 – 38 =
412 x 2 =
1 040 : 2 =
61 x 25 =

47 x 11 =
3,94 x 100 =
7,09 – 2,04 =
18 – 9,9 =
400 : 20 =

5. Un canapé qui valait 11 700 F a augmenté de 385 F.
Quel est son nouveau prix ?

6. Pour visiter le parc du Futuroscope, Jean observe un tarif de groupe :
Adultes : 1 jour : 90 F
2 jours : tarif spécial : 135 F.
Enfants : 1 jour : 60 F
2 jours : tarif spécial : 90 F.
Pour un adulte, quelle est la réduction pour une visite de 2 jours ?
Et pour un enfant ?

7. 294 – 138 =
380 + 720 =
74 x 2 000 =
45 x 0,01 =
3 826 + 1 074 =

85 : 5 =
809 + 412 =
1 200 : 40 =
71,3 – 2,2 =
4,7 x 101 =

8. Dans un véhicule pesant à vide 975 kg, montent 4 personnes d'un poids total de 287 kg.
Quelle est la masse totale roulante ?

9. 37 m = cm = dam
5 600 g = hg = kg
2,4 cl = dl = ml
451 m² = ares = dm²
0,05 hl = l = cl

10. Madame Lacolaire s'arrête à une station-service. Elle remplit le réservoir de sa voiture avec 39 l d'essence valant 6 F le litre.
Combien doit-elle payer ?

11. Le responsable d'un centre aéré achète 56 kiwis.
Combien paie-t-il ?

12. 72 – 37 = 63 x 99 =

23 x 12 =	4,8 x 700 =
7 624 + 1 209 =	63,5 + 1,56 =
12 925 – 7 300 =	194 + 68 =
248 : 4 =	2 412 – 700 =

13. Pendant ses vacances d'hiver à la montagne, Laurent a effectué, à skis de fond, 7 fois la piste bleue longue de 8,5 km.
Quelle distance a-t-il ainsi couvert ?

14. Un terrain carré de 25 m de côté est entouré d'une clôture revenant à 107,40 F le m.
Quel est le prix de revient de cette clôture ?

15. Au départ d'un marathon, on annonce que 7 184 hommes et 827 femmes sont prêts à s'élancer. Quel est le nombre total de concurrents ?

16. Madame Le Clainche achète une machine à écrire valant 1 875 F et divers accessoires d'une valeur de 98 F.
Quelle somme a-t-elle dépensée ?

17. 982 + 926 =
430 + 531 =
806 + 794 =
70 415 + 3 125 =
2 017 + 1 704 =

43 x 200 =
16 x 2,5 =
35 x 41 =
93 – 69 =
21 274 – 2 008 =

18. Un bassin circulaire a un rayon de 3,50 m. Quel est son diamètre ?

19. Un immeuble qui compte 6 appartements par étage et 5 au rez-de-chaussée totalise 65 appartements.
Combien cet immeuble a-t-il d'étages ?

20. Un employé gagnant 6 600 F mensuels, paie un loyer correspondant à 1/4 de son salaire. Quel est le montant de son loyer ?

21. Une bouteille d'eau d'une capacité d'un litre n'est pleine qu'aux 2/5. Calcule, en cl, la quantité de liquide qu'elle contient.

22. 450 x 19 =
3 508 + 199 =
512 – 16 =
132 : 4 =
21 : 70 =

803 x 201 =
45 x 30 =
7 863 – 212 =
47,3 – 2,6 =
216,4 + 33,6 =

23. Madame Lacire achète un meuble valant 1 680 F et verse un acompte correspondant à 1/8 du prix .
Quelle somme a-t-elle versée ?

24. Cette affiche est apposée à l'entrée du bureau des Guides :

DEMAIN
Randonnée au Lac de la Sioule.
Départ : 8 h 30
Difficulté moyenne
Tarif : 70 F par personne
1/2 tarif pour les enfants
accompagnés de leurs parents.

Quelle somme monsieur et madame Dubonpas paieront-ils pour s'inscrire avec leurs 2 enfants ?

25. Nelly va prendre des places pour un concert. Elle réserve 4 places à 99 F l'une.
Combien va-t-elle devoir payer ?

26.

38 x 19 =	5,2 x 100 =
42 x 11 =	47 x 0,1 =
55 – 13 =	723 x 0,01 =
79 – 39 =	200 x 108 =
150 + 75 =	444 : 4 =

27. Un champ d'une superficie de 4,5 hectares ensemencé en maïs a donné un rendement de 80 quintaux à l'hectare.
Calcule, en q, puis en t, la masse de blé produite.

28. Monsieur et madame Pernod achètent une nouvelle machine à laver d'une valeur de 3 500 F. Ils paient 1/5 à la commande et le reste à la livraison.
Quel est le montant de chacun de leurs versements ?

29.

7 m = cm	8 m = dm
42 dm = cm	5 m = cm
3 m = mm	34,2 cm = mm
50 cm = m	420 dm = m
75 cm = mm	82,5 dm = mm

30. David a fait 30 pas de 50 cm chacun.
Calcule la distance ainsi parcourue (en cm, puis en m).

31. Un pied (ancienne mesure) équivalait à environ 32 cm.
Calcule, en m, la valeur de 8 pieds.

32. Monique est née en 1934.
En quellc annéc a-t-cllc cu 25 ans ?
Quel âge aura-t-elle en l'an 2000 ?

33. William achète un baladeur stéréo à 350 F et une cassette à 110 F.
Combien va-t-il payer ?

34. La hauteur de la fusée Ariane 1 était de 47,4 m, soit ... dam.

35.

172 : 100 =	175 x 3 =
640 : 20 =	18,5 x 100 =
144 : 12 =	32 x 5 =
4,8 : 0,001 =	124 x 11 =
750 : 50 =	87 x 9 =

36.

120 ml = cl	74 dal = dl
141 = cl	2,9 dal = hl
2,3 cl = ml	24 hl = l
127 1 = dal	12 dl = l
21,3 hl = dal	32,5 dl = ml

37. On soutire le vin contenu dans un tonneau d'une capacité de 2 hl. Dans le fond du tonneau,il reste 6 l de lie inutilisable.
Quelle est, en l, la quantité de vin mise en bouteilles ?

38. Un magnum de champagne contient 148 cl, soit ... l.

39. Calcule le périmètre et l'aire d'une pelouse rectangulaire ayant 15 m de longueur et 10 m de largeur.

40. Hier, les coureurs du tour de France ont parcouru 177 km. Aujourd'hui, l'étape est plus longue de 38 km.
Calcule la longueur de l'étape d'aujourd'hui.

41.

286 + 19 =	237 – 19 =
46,2 + 14,5 =	24,8 – 7,5 =
178 + 29 =	4 759 – 400 =
227 500 + 100 200 =	218 – 30 =
169 + 50 =	78 900 – 15 500 =

42.

7 kg = g	7,04 hg = g
3 802 g = kg	10 000 g = kg
8 240 mg = g	70 q = t
3 000 cg = g	2 710 kg = t
725 cg = mg	325 kg = q

43. Un gigot pèse 3,5 kg. Désossé, il ne pèse plus que 2 600 g.
Quel est, en kg, le poids de l'os ?

44. Le satellite SPOT 1 vole à l'altitude de 832 km , soit ... m.
Il pèse 714 kg, soit ... q ou ... t.

45. La Seine mesure 77 500 dam, le Rhône 8 120 hm.
Lequel de ces deux fleuves est le plus long ?

46. Au flipper, Marc a marqué 153 000 points, Caroline 70 000 points de plus.
Quel est le total réalisé par Caroline ?

47.

75 x 9 =	1,5 x 0,1 =
14 x 80 =	2 043 – 33 =
3 224 + 16 =	56 x 99 =
2 300 – 750 =	31 x 12 =
125 : 5 =	572 – 4,3 =

48. Une pompe aspirante débite 500 1 d'eau à l'heure, soit ... hl.
En 5 h, elle débite ... l.

49. Sur un article affiché 325,90 F, monsieur Leblond a bénéficié d'une réduction de 17 F.
Combien a-t-il effectivement payé ?

50. Une piste de ski avait une longueur de 1,6 km. Elle a été rallongée de 700 m.
Quelle est dorénavant sa longueur ?

51. Un groupe composé de 37 personnes doit effectuer un déplacement en voiture.
Si l'on compte 5 personnes par véhicule, combien de véhicules devra-t-on prévoir ?

52. Une grande surface achète des platines lasers au prix de 400 F l'une.
Le montant de sa commande s'élevant à 26 000 F, combien de platines lasers ont été commandées ?

53. Patrick a eu 8 ans en 1991.
En quelle année est-il né ?
En quelle année sera-t-il centenaire ?

54.

44 x 101 =	83,9 – 7,5 =
123 x 30 =	18,64 – 7,2 =
30 x 12 =	32 600 + 1 450 =
94 + 68 =	6 370 : 7 =
550 : 20 =	5,1 x 600 =

55. Dans une salle de cinéma d'une capacité de 400 places, les 3/8 sont occupées.
Combien de billets ont donc été vendus ?

56. En comparant ses deux dernières factures d'eau semestrielles, madame Claire constate que sa consommation est passée de 69 000 l à 72 000 l.
De combien sa consommation a-t-elle augmenté ?
Au cours des 6 derniers mois, quelle a été, en moyenne, sa consommation d'eau mensuelle.

57. Une canne à pêche est composée de 5 morceaux, mesurant chacun 1,05 m.
Quelle est la longueur de la canne montée ?

58. Mickaël, qui a une taille de 1,27 m, mesure 15 cm de moins que Patrick. Quelle est la taille de Patrick ?

59.

16 400 + 1 093 =	746,3 x 0,01 =
750 – 80 =	973,6 – 3,52 =
27 x 99 =	5,71 : 0,1 =
8 400 : 70 =	7,2 : 3 =
680 x 0,5 =	3,27 + 1,73 =

60. Une exploitation agricole a produit du blé à raison de 90 q à l'hectare.
Calcule, en t, la production de cette exploitation sur les 10 ha qui étaient ensemencés.

61. En 5 jours de maladie, Maxime a vidé le contenu du flacon de sirop d'une contenance de 16,5 cl.
Quelle quantité de sirop a-t-il bue chaque jour ?

62. Une piscine mesure 50 m de longueur et 25 m de largeur.
Calcule son périmètre, son aire.

63. Quelle est la surface d'un terrain rectangulaire ayant pour longueur 11 m et pour largeur 6 m ?
Quel est son demi-périmètre ?
Quel est son périmètre ?

64. La cour d'une école est carrée. Elle a 25 m de côté. Calcule son périmètre, son demi-périmètre, son aire.

65. Une roue de bicyclette a 700 mm de diamètre.
Quel est son rayon, en cm ?

66. La page d'un carnet a une surface de 160 cm^2 et une longueur de 16 cm.
Calcule sa largeur.

67. Une grande carte routière a un périmètre de 4,20 m.
Sa largeur étant de 60 cm, quelle est sa longueur ?

68. Une roue de VTT a 32,5 cm de rayon.
Calcule son diamètre en cm, puis en mm.

69. Un gymnase mesure 50 m de longueur et 30 m de largeur.
Calcule son demi-périmètre, son périmètre et son aire.

RÉCRÉATION – PROLONGEMENTS

1. En utilisant au plus une fois chacun des nombres suivants, trouve le résultat encadré :

ex : 6 – 7 – 10 – 3 – 1 – 9 [241]

7 – 3 = 4 ; 6 x 4 = 24 ; 24 x 10 = 240 ; 240 + 1 = [241]

4 – 7 – 9 – 10 – 1 [370]

9 – 3 – 5 – 1 – 10 [443]

2. Au cours d'une descente de la Seine en bateau, Éric et Patricia ont parcouru 378 km la première semaine et 385 km la seconde semaine. Combien de kilomètres ont-ils parcourus ?

3. Erwann a 16 ans , Aurore 5 ans, Tiphaine 1 an. L'âge de Damien est égal au quart de l'âge d'Erwann, augmenté de 3 fois l'âge d'Aurore et diminué de l'âge de Tiphaine. Quel est l'âge de Damien ?

4. En utilisant uniquement deux des nombres suivants, trouve le nombre 63 :
36 – 25 – 17 – 44 – 38 – 13

5. Plus petit ou plus grand ? 50 x 12... 60 x 11

6. Retrouve la valeur de a, puis celle de b :
(a x 7) + 4 = 46
(b + 6) : 5 = 7

7. Le trésor du pirate :

Pour trouver le trésor : à partir du palmier géant, marche 500 pas vers le

Grand Marais, puis de là, le double de pas vers le nord en direction de la grotte du Diable ; un coffre y est caché. Le nombre total de pas que tu auras fait t'indiquera le nombre total de perles contenu dans le coffre. Combien de perles dois-tu trouver ?

8. En utilisant au plus une fois chacun des nombres suivants, trouve le résultat encadré :

9 – 1 – 10 – 5 | 440 |

3 – 4 – 100 – 3 | 3 600 |

25 – 2 – 8 – 4 | 98 |

9. Plus petit ou plus grand ?

35 x 30... 41 x 25

10. À partir des notes de mathématiques obtenues par Sarah, calcule sa moyenne :

7/10 – 8,5/10 – 3/10 – 7/10 – 7 – 5/10 – 9/10 – 6/10 – 4,5/10 – 6/10 – 5/10

11. Retrouve la valeur de a :

(a + 5) –[(3 x 8) : 6] = 4

12. Je pense à un nombre. En lui ajoutant 75, j'obtiens le double de 50.

À quel nombre ai-je pensé ?

13. La somme de deux nombres est 26. Leur différence est 2.

Quels sont ces nombres ?

14. Trouve le nombre non divisible par 5 :

15	345	165	200	244	910

15. Les fleuves... Ils sont la passion de Géo, le géographe... Écoutons-le : «Sachant que la longueur de l'Amazone est égale à [(6 x 1 000) + (2 x 100)], on pourra en déduire que la longueur de la Volga est égale à (1/2 Amazone) + (6 x 100).»

As-tu trouvé la longueur de chacun de ces fleuves ?

16. En utilisant au plus une fois chacun des nombres suivants, trouve le résultat encadré :

3 – 3 – 100 – 7 [4 200]

50 – 10 – 2 – 4 [254]

100 – 1 – 25 – 10 – 2 [749]

17. Plus petit ou plus grand ?
54 x 12... 320 + 308

18. Impossible : pourquoi ?
Un athlète a mis 5 h pour relier en courant deux villes distantes de 175 km.

19. VRAI ou FAUX ?
La moitié du quart de 1 000 est égale à 125.

20. Si vous ajoutez 4 au quotient de ma division par 6, vous trouverez 16.
Je suis le nombre 60 ? 72 ? 48 ?

21. Le diamètre de la Terre ? Facile pour Martin, le mathématicien... «Prenez la vitesse limite sur les autoroutes françaises et multipliez-la par 100. Au produit obtenu, retranchez 10 x 25. Ça y est ? Vous n'avez plus qu'à ajouter le premier multiple commun à 2 et à 3...»
Alors, vous avez trouvé ?

22. Trouve le nombre non divisible par 3 :
39 – 76 – 84 – 51 – 63

23. Je pense à un nombre. En lui retranchant 20, j'obtiens le triple de 20.
À quel nombre ai-je pensé ?

24. En utilisant au plus une fois chacun des nombres suivants, trouve le résultat encadré :

3 – 7 – 7 – 1 – 100 [2 807]

10 – 6 – 5 – 1 [330]

25 – 2 – 10 – 1 [242]

25. Plus petit ou plus grand ?
15 x 40... 1 050 – 300

26. Si j'avais le double de mon âge actuel, j'aurais 37 ans.
Quel est donc mon âge ?

27. La comtesse Olivia de Samen-Nuit a eu 14 enfants dont 5 garçons. Ses filles ont à leur tour eu 3 enfants chacune, le mariage de ses garçons lui donnant 11 petits-enfants.
Combien la comtesse a-t-elle de petits-enfants ?

28. Je pense à un nombre. En lui retranchant 3,5, j'obtiens la moitié de 9.
À quel nombre ai-je pensé ?

29. VRAI ou FAUX ?
Le double de la moitié de 170 est égal à 170.

30. La 1re photographie date de 1822. Combien cela fait-il de temps ?

31. Trouve le nombre non divisible par 9 :
144 99 108 127 162

32. (4 : 0,01) + 6 = le nombre d'îles du Danemark. Quel est ce nombre ?

33. En quelle année envoya-t-on le premier homme dans l'espace ? En guise de réponse, voici la formule de Phil, le physicien :
(10 x 10 x 10) + (3 x 10 x 5 x 2 x 3) + (15 x 2 x 2) + 1
As-tu déchiffré le message ?
Et ce cosmonaute, qui était-il ?

34. En utilisant au plus une fois chacun des nombres suivants, trouve le résultat encadré :

39 – 3 – 10 – 4	130
5 – 5 – 5 – 5 – 5	245
8 – 7 – 100 – 1	6 300
1 – 25 – 10 – 8 – 7	1 999

35. Une souris peut avoir 6 portées par an de 4 à 8 souriceaux chacune.
Encadre le nombre de souriceaux qu'elle aura ainsi annuellement.

36. L'altitude du mont Aigoual ? Facile pour Géo, le géographe :
«Prenez l'altitude du mont Blanc, retranchez 7, puis divisez le reste par 4. Au quotient obtenu, ajoutez le 1/4 de 1 000, puis le 1/10e de 1 000, puis le double de 8,5.»
Vous avez trouvé ?

37. Plus petit ou plus grand ?
35 x 0,1 ... 6,8 : 2

38. L'idée d'un tunnel sous la Manche date de 1751 !
Combien de temps s'est écoulé entre l'idée et la réalisation du tunnel en 1991 ?

39. Je pense à un nombre que je multiplie par 2 pour obtenir la moitié de 60. Quel est ce nombre ?

40.

COMPOTE POMMIDOUX Extra-light seulement 12 % de sucre Poids net 600 g

Quelle est, en g, la quantité de sucre contenue dans ce pack de compote ?

41. Lequel de ces nombres n'est pas divisible par 2 ?
45 – 56 – 74 – 126 – 150.

42. En utilisant au plus une fois chacun des nombres suivants, trouve le résultat encadré :

2 – 4 – 7 – 25	207
9 – 2 – 100 – 8	136
9 – 7 – 10 – 1	640
9 – 1 – 10 – 9	800
75 – 1 – 3 – 10 – 10	7 499

43. L'année de la découverte du Canada par Jacques Cartier ? Facile, facile, pour Isidore, l'historien...
«Prenez le quotient de 60 divisé par 4, puis multipliez-le par 100. Au résultat obtenu, ajoutez enfin le produit de 3 400 par 0,01.»
Vous avez trouvé ?

44.

Séance 16h10 LA RIVIERE DES CASTORS 1h35 de frissons et d'aventures

Pierre habite à 10 minutes du cinéma. Il a promis de rentrer pour 18 h.
Peut-il aller voir ce film ?

45. La somme de deux nombres est 77. Le plus petit est 35.
Quel est le plus grand ?

46. Les frères Lumière ont organisé la 1re séance de cinéma en 1895 (le 28 décembre).
Combien d'années se sont écoulées depuis cette date ?

47. Je pense à un nombre. Je le divise par 3, puis je retranche encore 17. Je trouve 21.
À quel nombre ai-je pensé ?

48. Un nénuphar double de taille chaque jour. Il a recouvert la moitié de l'étang en 18 jours.
En combien de temps aura-t-il recouvert tout l'étang ?

Achevé d'imprimer sur les presses de JOUVE - N° : 278073S
Dépôt légal : 00787-02/00. - Collection n° 03. - Édition n° 07 11/5653/8